MARIUS SCHNEIDER

Gymnastizierende
Freiarbeit

VERBINDUNG UND
KOMMUNIKATION AUF
AUGENHÖHE

KOSMOS

Inhalt

4 Am liebsten frei

6 FREIARBEIT – SCHENKT FREUDE AN DER BEWEGUNG
8 Mitautoren auf vier Hufen
12 Eine Bereicherung für Mensch und Pferd
15 Gymnastizierende Freiarbeit – was ist das?
19 Natürliche Begabung und Zielsetzung

24 PFERDESTÄRKE ERLEBEN – UND MIT DER FREIARBEIT FÜR SICH GEWINNEN
26 Wo ein Wille ist, findet sich ein Weg

DAS KOSTENLOSE EXTRA: DIE KOSMOS-PLUS-APP FÜR DIGITALE ZUSATZINHALTE

Dieses Buch bietet Ihnen weitere Inhalte in Form von Filmen und Vorlagen.

Und so geht's:

1. Besuchen Sie den App Store oder Google Play.
2. Laden Sie die kostenlose App „KOSMOS PLUS" auf Ihr Mobilgerät.
3. Öffnen Sie die App und laden Sie die Inhalte für „Gymnastizierende Freiarbeit" herunter. Geben Sie das Codewort „Freiarbeit" ein.

Mehr Informationen finden Sie unter plus.kosmos.de

29 Ein sicherer Ort für einen sicheren Start
32 SPEZIAL Nichts ist so erfolgreich wie ein Herz voll Liebe

34 FIT UND FREI – GEMEINSAM BEWEGEN, TRAINIEREN, BEZIEHUNG GESTALTEN
36 Gesund bewegen
37 Zu Beginn mit oder ohne Equipment?
41 SPEZIAL Inspirationen und Impressionen

44 DIE AUSBILDUNGSSCHRITTE – MIT KONZEPT ZUM ZIEL
46 Den Weg planen
48 Die Führ- und Folgearbeit
50 Führen neben dem Pferd
52 Der Magneteffekt
55 Angehen
58 Rückwärtsrichten
56 Anhalten
58 Wenden
64 Abwechslung
66 Folgen vor dem Pferd
71 SPEZIAL Das Suchspiel
72 Das Arbeitstempo
72 Synchrones Anhalten
74 Der Wechsel
80 Das freie Longieren
84 SPEZIAL Übungen beim freien Longieren
86 Hilfen- und Formarbeit
88 Das ABC der Freiarbeitshilfen
88 Das Alphabet lernen
90 Gerte in der Freiarbeit

92 Die biegende Hilfe
96 Die lösende Hilfe
98 Die vorwärtstreibende Hilfe
98 Die Führung der Schultern
102 Die Führung der Hinterhand
105 Die versammelnde Hilfe
107 Gleichzeitige und diagonale Hilfen
108 Anlehnung

110 Übungs- und Lektionenarbeit

113 Seitengänge
118 Schulterherein
126 Kruppeherein
136 Renvers
144 Traversale
146 Pirouetten
148 Übungsreihen und Ideen

152 Spiel, Spaß und Spontanität

154 Zum Schluss

156 SERVICE

156 Adressen
156 Register

AM LIEBSTEN FREI

»Es gibt so viele Möglichkeiten, Zeit mit Pferden großartig und sinnvoll zu gestalten. Die Freiarbeit gehört ganz klar zu meinen Favoriten.«

Freiarbeit ist ein Prozess mit einer eigenen Dynamik. Die neue Form der Kommunikation lässt eine starke emotionale Verbindung und mehr Vertrauen und Verständnis zwischen Mensch und Pferd entstehen. Die Basis bilden dabei Respekt und eine positive Interaktion. Um diese Verbindung aufzubauen und langfristig zu stärken, benötigst du Zeit, Geduld und die Liebe zum Pferd. Diese „Investitionen" werden sich in vielerlei Hinsicht auszahlen!

Jedes Pferd hat seine eigenen Grenzen, Vorlieben und Talente. Sie zu entdecken und nicht einfach nur einzufordern, gelingt bei der Freiarbeit besonders gut. Je weniger Hilfsmittel dir zur Verfügung stehen, desto mehr musst du dich auf dein eigenes Körpergefühl besinnen und im Hier und Jetzt sein. Sich auf den gegenwärtigen Moment einzulassen bedeutet, dass du dich auf das konzentrierst, was gerade mit deinem Pferd passiert – eine Eigenschaft, die das Pferd sehr gut beherrscht und die der Mensch immer mehr verliert.

Freiarbeit lässt dich eintauchen in eine Welt voller leidenschaftlicher Momente, frei vom Alltagsgeschehen, von Stress oder sonstigen Ereignissen, die du in deinem Leben meistern musst. Du erhälst dabei die Chance, mit deinem Pferd in Einklang zu kommen. Denn wer bei der Freiarbeit andere Gedanken oder Zwischenaufgaben zulässt oder ausführt, lernt schnell die freie Entscheidungsmöglichkeit des Pferdes kennen …

Respektiere die persönlichen Raumgrenzen deines Pferdes und erzwinge keine Interaktion, wenn es nicht möchte. Gib deinem Pferd die Möglichkeit, dich kennenzulernen und zu akzeptieren. Aber fordere auch gewisse Grenzen und Verhaltensweisen ein, die zwingend notwendig sind, wenn zwei Lebewesen aufeinandertreffen, die hinsichtlich der Körperstatur und Körpersprache nicht unterschiedlicher sein könnten. Wer sich als Mensch mit Pferden beschäftigen möchte, wird nur dann ein wahrer Pferdemensch werden, wenn er die Bedürfnisse seines Pferdes über alles andere stellt und immer einen freundlichen und gewaltlosen Umgangston pflegt.

Mit diesem Buch möchte ich eine verständliche Anleitung vermitteln, mit der du direkt in die Praxis der Freiarbeit einsteigen kannst. Ich teile ein Stück meiner Leidenschaft mir dir, mit viel Liebe zum Detail, und hoffe, dass ich dich im besten Fall inspiriere.

Marius Schneider

Freiarbeit hat eine eigene Dynamik. Gemeinsame Erlebnisse stärken die Bindung.

FREIARBEIT

— schenkt Freude an der Bewegung

MITAUTOREN AUF VIER HUFEN

Bevor es richtig losgeht, möchte ich meine Mitautoren vorstellen. Schließlich werden wir erst durch unsere vierbeinigen Freunde zum Freiarbeiter, Bodenarbeiter oder Reiter. Also ehre den, dem die Anerkennung gebührt.

An meinen Ausbildungspferden, deren Mitwirkung dieses Buch erst möglich gemacht hat, kannst du etwas Entscheidendes erkennen: Die gymnastizierende Freiarbeit kann mit jedem Pferd, völlig unabhängig von Rasse, Alter oder Geschlecht, ausgeführt werden. Und das ist auch gut so, denn schließlich hat jeder Pferdebesitzer eine andere Vorliebe bezogen auf seinen vierbeinigen Freund. Egal, welches Pferd also bei dir im Stall steht – du kannst direkt anfangen und die Schritt-für-Schritt-Anleitungen in diesem Buch umsetzen.

Beginnen möchte ich meine Vorstellungsrunde mit dem Pferd, das mir die Vorzüge der gymnastizierenden Freiarbeit wie kein anderes aufgezeigt hat.

ARAMIS

Aramis ist ein besonderes Pferd für mich, für den kritischen Betrachter dagegen ein eher unscheinbarer Kandidat: Keine Papiere, somit keinerlei Informationen über die Herkunft. Ein Gebäude mit vielen Schwierigkeiten, was ihn für eine Ausbildung im klassischen Sinne eher ungeeignet erscheinen lässt. Viele noch so leichte Dinge wie drei gleichmäßige Grundgangarten, das Formen der Oberlinie, Stabilität und positive Körperspannung sind eine große Herausforderung – nicht nur für ihn, sondern insbesondere für den Ausbilder. Doch wie sagen wir immer wieder: „Reitkunst ist für alle da", und das System der Reitkunst bietet viele Möglichkeiten, gewisse Schwächen umzuwandeln, um dem Pferd zu helfen, sich als Reitpferd oder Bodenarbeitspferd wohlzufühlen. So war es auch bei Aramis.

Als Jungpferd war er ein unsicherer, schnell verängstigter Typ mit wenig körperlicher Präsenz. Über die Jahre wurde aus ihm ein selbstbewusster, lustiger und in mancher Hinsicht sogar mutiger Vierbeiner, ein absolut zuverlässiger Begleiter auch auf großen Messen und Veranstaltungen. Dabei zeigt er sich gern souverän in der Bodenarbeit und der Freiarbeit. Mental gehört er zu den introvertierten Pferden: zurückhaltend und ruhig, sehr vorsichtig im Bezug zu Menschen und anderen Pferden. Er ist eher ein Beobachter, der es immer recht machen möchte, sich dadurch aber auch häufig selbst im Wege stand und durch die eigene Verunsicherung schnell in Stress geraten ist. Auch heute noch bevorzugt er ruhiges Kommunizieren mit wenig aktiver Hilfe.

Da ich Aramis viele Jahre an meiner Seite habe, konnte ich im Laufe der Zeit kontinuierlich beobachten, wie sich seine Persönlichkeit immer mehr veränderte – zum Positiven in jeglicher Hinsicht. Denn all die Kraft und das verbesserte Körpergefühl, das er durch die gymnastizierende Arbeit bekommen hat, nutzt er mittlerweile auch

Aramis

in seinem Alltag. Innerhalb seiner Herde konnte er immer besser und spielerischer mit seinen Pferdekollegen umgehen und sich behaupten.
Ich beschreibe die Entwicklung von Aramis ganz bewusst, denn er zeigt so wunderbar, dass aus dem kleinen „hässlichen Entlein" sich auch immer eine einzigartige und strahlende Persönlichkeit entwickeln kann, wenn man es nur zulässt.

LITRI DE SENA

Ein Lusitano, der auf den Namen „Luzi" wesentlich besser hört, ist ein weiterer Hauptakteur in diesem Buch. Luzi hat einen sehr interessanten Geist und ist das komplette Gegenteil von Aramis: extrovertiert, gesellig, energisch und mit einer überdurchschnittlichen Fähigkeit zu handeln. Er saugt neue Informationen wie ein Schwamm auf und setzt diese in einer enormen Geschwindigkeit um. Dabei konzentriert er sich auf das Hier und Jetzt und ist ein verlässliches Pferd für noch so kleine Details bei der Hilfengebung.
Luzi besitzt eine Reihe beeindruckender Eigenschaften, die in vielen Bereichen wertvoll sind. Zu seinen Persönlichkeitsmerkmalen gehört auch ein hohes Maß an Motivation und Begeisterung für seine Arbeit oder, wie ich es gerne nenne, für unsere „Projekte". Seine Aufgaben führt er mit großem Einsatz und Hingabe aus, oft über das erwartete Maß hinaus. Wäre Luzi ein Mensch, dann würde ich ihn als sehr zielorientiert beschreiben.
All das wird ermöglicht, weil Luzi von Natur aus besondere Fähigkeiten oder Begabungen mitbringt. In allen Bereichen der Reitkunst kann er durch seine körperlichen Voraussetzungen schwere Dinge einfach meistern. Durch sein Geschick und seine schnelle Auffassungsgabe ist er in der Lage, neue Lektionen rasch zu lernen und umzusetzen. So geht der Ausbildungsprozess zügig voran.

Litri de Sena, genannt Luzi

Fleur de Lys

Das alles hört sich nach dem absoluten Traumpferd an – und das ist es auch, so wie jedes Pferd ein absolutes Traumpferd für den richtigen Besitzer sein kann. Ich möchte noch erwähnen, dass man sich ja meistens das wünscht, was man selbst gerade nicht hat. So äußern bei meinen Seminaren besonders erfahrene Reiter oder Berufsreiter oft den Wunsch, einmal ein solch talentiertes Pferd zu finden. Doch wo ein Genie am Werk ist, wird der Wahnsinn nicht weit entfernt sein. Genau das trifft auch bei Luzi zu: Er fordert vom Partner Mensch immer ein hohes Maß an Disziplin, Präsenz und Beobachtungsfähigkeit, dazu eine absolute Genauigkeit in der Körpersprache und Hilfengebung. Nur zu schnell schleichen sich Fehler ein und verursachen dann unerwünschte Reaktionen und Verhaltensweisen. Ein Pferd mit diesen Eigenschaften arbeitet man also besser erst ab einem gewissen Maß an Erfahrung und erworbener Kompetenz.

Aramis und Luzi werden dich in diesem Buch vorrangig begleiten und viele praxisnahe Übungsabläufe veranschaulichen. Es kommen aber noch ein paar weitere interessante Pferde hinzu, die ich ebenfalls kurz vorstelle. Zum einen, weil ich mit diesen Pferden gerne Zeit verbringe und viel Freude an der Zusammenarbeit habe. Zum anderen, weil schöne Pferdebilder dich sicher zusätzlich motivieren und inspirieren.

FLEUR DE LYS

Fleur de Lys ist ein PRE. Bei uns am Hof hat er den Spitznamen „die Maschine", seine weiblichen Fans nennen ihn auch gern „den Kraftprotz im Designeranzug". Er ist ein außergewöhnliches Pferd. Beeindruckend in seiner Erscheinung und mit viel Potenzial für die Schulen über der Erde gesegnet, ist Fleur de Lys für viele eine Inspirationsquelle und der Inbegriff eines Reitkunstpferdes. Sein Feuer und sein starkes Engagement bei allen Aufgaben erfordern ein hohes Maß an Konzentration beim Menschen. Durch seine schnellen Bewegungen mit großer Energie muss besonders bei der Freiarbeit auf das eigene Körperbewusstsein geachtet werden. Du wirst diese Energie auf den Bildern direkt erkennen können.

Mafferico

Titzian aus der schützenden Hand

MAFFERICO

Dieser Lusitano-Hengst vereint von allen voran beschriebenen Pferden das Beste und ist dem Menschen mit einem sehr liebevollen und angenehmen Charakter zugetan. Mafferico hat eine klare Vorstellung, wie Dinge laufen sollten, und macht immer entschlossen mit. Mit viel Energie, aber jederzeit zu handhaben, präsentiert er sich besonders in der Freiarbeit in einer wunderbaren Eleganz und Power.

Lucian

TITZIAN AUS DER SCHÜTZENDEN HAND UND LUCIAN

Diese beiden Pferde haben bereits in meinem ersten Buch „Trainingsbuch Bodenarbeit" entscheidend dazu beigetragen, dem Leser die Vielfältigkeit der Bodenarbeit zu vermitteln.
Lucian, ein Spanier mit einem besonderen Farb-Gen, bringt viel Kreativität mit. Titzian ist ein Knabstrupper mit starkem Fundament und klaren Entscheidungen. Beide werden in diesem Buch zeigen, dass Spiel, Spaß und Abwechslung wichtig sind und immer Begleiter jeder noch so konzentrierten Arbeit sein sollten.
Um das Rasseprogramm noch etwas abwechslungsreicher zu gestalten, gibt es auch ein paar kurze Gastbesuche einzelner Pferde.

EINE BEREICHERUNG FÜR MENSCH UND PFERD

Ich empfinde die Freiarbeit mit Pferden als eine faszinierende und bereichernde Tätigkeit, die sowohl für das Pferd als auch für den Menschen viel Positives bereithält.
Wer sich die Fähigkeit aneignet, ohne Halfter, Strick, Longe oder sonstige Kontrollzäumung eine Verständigung zu entwickeln, wird die Beziehung zu seinem Partner Pferd aus einer ganz anderen Perspektive betrachten dürfen. Diese Art der Arbeit kann in verschiedenen Formen und Ausprägungen entwickelt werden. Sie eignet sich hervorragend für ein individuell anzupassendes Spaß- und Trainingsprogramm. Auch du wirst sehr schnell merken, dass auf dem Weg zur Freiarbeit viele großartige und wünschenswerte Entwicklungen entstehen.

Verständigung ohne Zaumzeug …

001
Zum Film: Herzlich willkommen

VORTEILE DER FREIARBEIT

In der Freiarbeit werden Vertrauen und die Bindung zu deinem Pferd auf die Probe gestellt und damit zeitgleich auf ein ganz anderes Niveau anwachsen, als du es bisher kanntest. Die Freiarbeit ermöglicht es dir, eine außergewöhnliche Vertrauensbeziehung aufzubauen. Es geht darum, eine Bindung zu entwickeln, bei der das Pferd dem Menschen freiwillig und gerne folgt, ohne dass dabei ein ständiges Korrigieren und Manipulieren stattfinden muss.
Nonverbale Kommunikation und die damit verbundene Körpersprache werden sich von einer völlig neuen Seite zeigen. Natürlich kennt jeder diese Begrifflichkeiten. Doch erst ohne die Alltagshilfsmittel wird ihre Wirkung oder auch nicht vorhandene Auswirkung ersichtlich. Der Mensch muss lernen, die Signale des Pferdes zu verstehen und gleichzeitig klare, eindeutig wiederkehrende und im besten Fall auch einfach zu verstehende Anweisungen durch Körperhaltung, Blickrichtung, Stimme und Energie an das Pferd zu senden.
Respektiere die Natur des Pferdes. Setze dich damit auseinander, dass die Spezies Mensch und Pferd unterschiedlicher nicht sein könnten. Ihre Gehirne steuern ihr Verhalten und damit ihr Handeln. Nur wer sich ernsthaft mit diesem Wissen beschäftigt, wird in der Lage sein, eine Ebene zu erarbei-

... benötigt und verbessert gegenseitiges Vertrauen.

> *»Gemeinsam frei und glücklich zu sein ist nur möglich durch ein hohes Maß an Toleranz. Geduld ist der Zügel der Freiheit!«*

ten, auf der sich Mensch und Pferd begegnen können. Es ist wichtig, das Pferd als Individuum zu verstehen und seine natürlichen Grenzen zu erkennen – ebenso, wie jeder Mensch seine Grenzen hat. Das hört sich logisch und nachvollziehbar an, doch fällt es uns schwer, das jederzeit abrufbar in unsere Handlung einzubeziehen.

Noch schwerer wird es, wenn die eigenen Grenzen noch nicht einmal selbst erfühlt werden können. Das geschieht manchmal durch die eigene körperliche Überforderung, zum Beispiel, wenn unbekannte Bewegungsabläufe und Lektionen geübt werden oder man bei der Umsetzung gleichzeitig noch dem Trainer zuhören muss. Das Pferd

wird dies aber wahrnehmen. Ein guter Pferdemensch versucht, sich immer weiter in das Pferd hineinzufühlen, um Fördern, Über- und Unterfordern in Einklang zu bringen.
Freiarbeit wird auch immer auf den Grundgehorsam einen positiven Einfluss haben. Wir möchten eine großartige Partnerschaft mit unserem Pferd erreichen und leben. Aber zu jeder Partnerschaft gehören ein Maß an Erziehung und das Vermitteln von Grundregeln, das wird auch in so ziemlich jeder Familie tagtäglich von Mensch zu Mensch gelebt. Pferde in einer stressfreien Umgebung bei der Freiarbeit zu erziehen und zu trainieren, beinhaltet die Vermittlung solcher Grundkommandos. Aber auch das Schulen von Achtsamkeit auf den Partner Mensch wird eine Herausforderung sein.
In der Freiarbeit spielt Sicherheit eine wichtige Rolle. Sie zu stärken wird sich positiv auf den Umgang sowie auf alle weiteren Tätigkeiten im Zusammenhang mit Pferden auswirken. Sicherheit sollte immer an erster Stelle stehen. Es ist wichtig, dass beide Individuen aufeinander Rücksicht nehmen und bei unsicherer Umgebung oder anderen Ablenkungen aufeinander achten lernen.
Freies Arbeiten soll in erster Linie Spaß machen und für Abwechslung sorgen. Vieles ist möglich und kann sinnvoll sein, sofern es nicht ausschließlich als Selbstzweck ohne Rücksicht auf Verluste angewendet wird. Gymnastizierung zur Verbesserung der Fitness, wie es in diesem Buch vorwiegend beschrieben wird, aber auch kleine Spiele, Denkaufgaben oder Motivationsübungen sind mögliche Varianten und halten das Pferd zudem geistig stimuliert und engagiert. Durch abwechslungsreiche Übungen wird Langeweile vermieden und das Wohlbefinden des Pferdes gesteigert.
Freiarbeit hilft dem Pferd sowohl physisch als auch psychisch, sich zu entwickeln. Sie verbessert die Balance, Losgelassenheit und die Form. Auch das fördert das Wohlbefinden des Pferdes. Zudem werden sich Tempo, Takt und Schwung für die weiterführende Arbeit verbessern.Freiarbeit wird bei Pferd und Mensch dazu beitragen, Selbstvertrauen zu entwickeln und unabhängiger von Halfter oder Zaumzeug zu werden.

Aufeinander achtzugeben stärkt das Vertrauen und schafft eine sichere Gemeinschaft.

Spaß und Abwechslung sind wichtig, um die Freiarbeit spannend zu gestalten.

GYMNASTIZIERENDE FREIARBEIT – WAS IST DAS?

Freiarbeit bleibt Freiarbeit und Reiten bleibt Reiten! So könnte der eine oder andere argumentieren. Aber auch „Reiten" ist nicht immer gleich, genau wie die Freiarbeit. Natürlich zielt jede Freiarbeit darauf ab, dass sich die Pferde möglichst frei von Equipment bewegen, aber auch hier können Schwerpunkte oder Ziele definiert werden. Für ein besseres Verständnis teile ich die Freiarbeit in verschiedene Bereiche ein.
Es gibt Freiarbeit, die ...

— **... der Beziehungspflege dient.** Hier steht die Kommunikation im Mittelpunkt: Wie kannst du dich bestmöglich mit deinem Pferd verständigen, wenn es darum geht, gemeinsam durch die Welt zu schreiten? Häufig wird diese Arbeit mit dem Pferd auch unter dem Begriff „Horsemanship" zusammengefasst. Dabei gibt es verschiedene Vorstellungen, Systeme oder Konzepte, die dazu führen, dass Mensch und Pferd ein besseres Miteinander leben können.
— **... sich auf viel Bewegung konzentriert.** Daraus entwickelt sich eine großartige Freiarbeit, bei der es vorwiegend um Bewegen und Bewegen lassen geht. Ziel ist es, sich durch eine klare Verständigung gemeinsam frei zu bewegen – in allen Gangarten und in unterschiedlichem Umfeld.
— **... für Abwechslung sorgt.** Freiarbeit, die das Erarbeiten von kleinen Tricks beinhaltet, kann spannend, motivierend

01

02

und abwechslungsreich sein. Du kannst viele unterschiedliche Dinge ausbilden, wie z. B. Kompliment, Liegen etc.

— **... die das Pferd gymnastiziert.** Die gymnastizierende Freiarbeit vereint all die voran genannten Ideen und ergänzt sie um die Elemente der Reitkunstausbildung. Das ist eine ruhige und, wie ich oft sage, wenig spektakuläre Beschäftigung. Wobei „spektakulär“ immer im Auge des Betrachters liegt. Bei der gymnastizierenden Freiarbeit geht es um eine systematische Ausbildung und Entwicklung zur Verbesserung der physischen Fähigkeiten oder Eigenschaften. Dabei orientieren wir uns an den Elementen einer Reitkunstausbildung, um Balance, Losgelassenheit, Form, Tempo, Takt und Schwung positiv zu beeinflussen. Koordination und Beweglichkeit werden gefördert, und das in zweierlei Hinsicht: Wir trainieren zwar in erster Linie das Pferd, doch bei der Freiarbeit muss sich auch der Mensch viel bewegen ...

Gymnastizierende Übungen helfen dem Pferd, sich ausgewogen und geschmeidig zu bewegen, was sowohl für die Gesundheit des Pferdes als auch für die Verbesserung der Reitleistung von Bedeutung ist. Ja, die Freiarbeit kann dem Reiten zuarbeiten und es damit verbessern. Das lässt sich ganz einfach erklären: Es kommen alle Lektionen und Hilfen so zum Einsatz wie beim Reiten auch. Vom Boden erarbeitete Stellung und Biegung, Seitengänge, Übergänge zwischen den Gangarten, versammelnde und versammelte Tätigkeiten bilden das Pferd ohne Reitergewicht aus. Ein Pferd, das auf diese Weise körperlich (und mental) in Balance gefunden hat, wird es im Anschluss daran mit Reitergewicht auch wesentlich leichter haben. Es hat bereits das richtige Körpergefühl erlernt.

GYMNASTIZIERUNG

Gymnastizierung ist ein Prozess, der Geduld, Konsequenz und ein Verständnis für die individuellen Bedürfnisse des Trainierenden – ob Mensch oder Tier – erfordert. Freiarbeit in diesem Sinne kann eingesetzt werden, um Verletzungen vorzubeugen oder nach Verletzungen wieder zur vollen Leistungsfähigkeit zurückzukehren.

03

01 Vertrauen auf Distanz erfordert verständliche Anweisungen durch Körperhaltung, Blickrichtung, Stimme und Energie. Je weiter sich das Pferd entfernt, desto mehr Sicherheit sollte der Mensch in seinen Bewegungen haben.

02 Spezifische Übungen stärken gezielt bestimmte Fähigkeiten und fördern sowohl körperliche als auch geistige Leistungsfähigkeit.

03 Auch die Form des Pferdes entwickelt sich bei der Freiarbeit durch kontinuierliches Training und Anpassung ganz ohne einen Zügelkontakt.

Die gymnastizierenden Übungen in der Freiarbeit sind darauf ausgerichtet, den Körper ganzheitlich zu stärken, Muskelungleichgewichte auszugleichen und die Bewegungseffizienz zu erhöhen. Ziel ist es, durch spezifische Übungen die Muskulatur des Pferdes zu kräftigen, seine Beweglichkeit zu verbessern und eine harmonische Bewegung zu fördern.
Die Aufzählung der unterschiedlichen Ziele der Freiarbeit soll keine Reihenfolge von Ausbildungsschritten darstellen, vielmehr soll es die unterschiedlichen Facetten verdeutlichen und zeigen, dass eine sinnvolle Kombination für Mensch und Pferd eine hervorragende Freizeitbeschäftigung sein kann und zudem unglaublich viel Spaß macht.

»Für das Pferd zählt am Ende vor allem eine Sache: Geht es mir gut und werde ich liebevoll behandelt?«

AUF AUGENHÖHE

Egal, wie du mit deinem Pferd zusammenarbeiten möchtest: Es kann nur dann harmonisch gelingen, wenn eine erfolgreiche und ehrliche Verbindung und Kommunikation auf Augenhöhe die angestrebten Ziele sind. Das setzt voraus, dass du die Bereitschaft mitbringst, zu beobachten und konzentriert zuzuhören, wenn dir dein Partner über seine Körpersprache etwas zu vermitteln versucht. Das bedeutet auch, du bist aufgefordert im Hier und Jetzt zu sein – eine der schwierigsten Übungen für uns Menschen.
Wer sein Pferd liebevoll behandeln möchte, sollte sich auch immer die Frage stellen, wie es überhaupt etwas Neues lernen kann. Das Ausbilden von Hilfen und Lektionen ist für die gymnastizierende Freiarbeit genauso wichtig wie beim Reiten. Heute sind wir in dieser Fragestellung schon einen Riesenschritt weiter. Inzwischen verfügen wir über

Pferde und Menschen sind individuelle Wesen mit spezifischen Eigenschaften.

Erkenntnisse der Neurowissenschaft, über die Gehirnfunktion beider Spezies – ein Wissen, das wir uneingeschränkt nutzen können. Außerdem gibt es eine große Bandbreite gut strukturierter Konzepte, die mittels verschiedener Medien bereitgestellt werden. Der Tisch ist reichlich gedeckt, man muss sich nur bedienen. Das ist Fluch und Segen gleichzeitig.

— **Ein Segen**, weil wir eine scheinbar grenzenlose Quelle an Informationen nutzen dürfen, um zu verstehen, wie das Pferd denkt. Das hilft uns, Fehler zu verringern und Vertrauen zu schaffen. So können wir es dem Pferd ermöglichen, mit unserer Hilfe auch Situationen, die Angst hervorrufen, vertrauensvoll zu bewältigen.
— **Ein Fluch**, weil wir schnell das Wesentliche aus den Augen verlieren und „den Wald vor lauter Bäumen" nicht sehen können.

INDIVIDUALITÄT

— Jeder Mensch ist anders in seinen emotionalen Reaktionen, und strebt nach mehr oder weniger Harmonie.
— Jeder Mensch ist anders in seinen Charaktereigenschaften und seinen tief verwurzelten Prinzipien und Idealen, an die er glaubt, die sein Verhalten und seine Entscheidungen leiten.
— Jeder Mensch ist anders in seinen Interessen und Leidenschaften. Das beeinflusst wiederum seine Aktivitäten und die Themen, die ihn faszinieren und motivieren.
— Jeder Mensch ist anders in seinem Kommunikationsstil, in der Art und Weise, wie sich er ausdrückt und mit anderen interagiert, in sprachlicher und nonverbaler Kommunikation.
— Jeder Mensch hat eine andere Lebensgeschichte mit individuellen Erfahrungen und Ereignissen, die ihn geprägt haben.

All das hat Einfluss auf die Entscheidung, wie etwas ausgeführt wird. Hinzu kommen noch weitere externe Faktoren, wie das soziale Umfeld, in dem du dich befindest – beispielsweise der Reitverein, die Reitschule, Vorbilder aus dem Internet, Film und Fernsehen oder wer dich sonst noch in deinem freiarbeits- oder reiterlichen Werdegang begleitet und inspiriert. Das alles bildet die persönliche Note einer individuellen Partnerschaft zwischen dem Pferd und seinem Freiarbeiter und macht es einzigartig.

MERKE
Wo auch immer deine individuelle Reise hingeht, verliere nie dein Pferd als zentralen Punkt deines Bemühens aus den Augen, das gut versorgt, geschützt und geliebt werden möchte. Und genieße jede Minute im Zusammensein mit deinem Pferd.

NATÜRLICHE BEGABUNG UND ZIELSETZUNG

Ich mag Zielsetzungen und den Gedanken, mit einer klaren Linie etwas erreichen zu können. Es hilft mir, Struktur in mein Ausbildungskonzept zu bringen und meinen vier- oder zweibeinigen Schülern einen besseren Leitfaden mit erreichbaren Stationen an die Hand zu geben.
Um effektive lang- und kurzfristige Lernziele zu formulieren, ist es wichtig, zunächst eine klare Vorstellung von dem zu haben, was du erreichen möchtest. Setze dir realistische und spezifische Ziele, die messbar sind. Dafür solltest du deine eigenen Stärken und Schwächen berücksichtigen. Von großer Bedeutung ist es auch, den Zeitrahmen für die Erreichung der Ziele festzulegen und den Fortschritt regelmäßig zu überprüfen, um sicherzustellen, dass du auf dem richtigen Weg bist. Letztendlich ist es essenziell, motiviert zu bleiben und dich und deinen Partner Pferd auch zu belohnen, wenn Ziele erreicht werden. Wobei in der Freiarbeit, wie wir sie sehen, eher Streicheleinheiten als Leckerli eingesetzt werden. Eine streichelnde Hand holt erfahrungsgemäß nicht so aus der Konzentration wie ein Kauprozess. Sei konsequent! Pferde lieben Routine und Vorhersehbarkeit. Halte dich an feste Abläufe.

Eine klare Zielsetzung motiviert und gibt Richtung, um langfristige Erfolge zu erzielen und persönliche Fortschritte zu sichern.

Die Anmut eines Pferdes zeigt sich in seiner kraftvollen Eleganz, ...

FÄHIGKEITEN UND VORLIEBEN

Was ich noch viel mehr schätze und warum mich die Freiarbeit so fasziniert, ist die Tatsache, dass hier die natürlichen Talente und Neigungen eines Pferdes entdeckt und gefördert werden können.

Die Freiarbeit bietet eine einzigartige Möglichkeit, das Pferd in einer entspannten und natürlichen Umgebung zu beobachten und zu arbeiten, was oft neue Einblicke in seine individuellen Fähigkeiten und Vorlieben ermöglicht. Freie Bewegungen ohne Reitergewicht auf dem Rücken, ohne mechanische Impulse mittels Führstrick, Seil oder Zäumung ermöglichen ein ehrliches Feedback, wie sich das Pferd am schönsten präsentiert. Sie zeigen das natürliche Bewegungsmuster, Temperament, die Bewegungsabläufe und die Körpersprache des Pferdes. Durch Beobachtung des natürlichen Verhaltens wird uns schnell klar, wofür sich unser Vierbeiner begeistern kann.

Das Erkennen einer Vorliebe oder einer bevorzugten Ausführung war im Laufe der Reitkunstgeschichte immer schon ein wichtiger Aspekt. Durch die unterschiedlichen Übungen und Signale kann man herausfinden, was dem Pferd besonders Spaß macht. Manche Pferde zeigen zum Beispiel eine natürliche Neigung zum Springen (ich meine hier die Ausführung von Schulsprüngen, nicht das Überwinden von Hindernissen). Andere wiederum haben Spaß an großen, imposanten Bewegungen im Trab oder Galopp. Nicht immer aber sind es die Bewegungen, die auf Talente hinweisen. Auch statische Übungen, bei denen unsere Pferde für einen kurzen Moment wie Statuen aussehen, wie beispielsweise Levaden oder Schulparaden, werden häufig im natürlichen Spiel gezeigt. Manches Pferd begeistert sich vielleicht für Geschicklichkeitsübungen oder Aufgaben, die Denkarbeit erfordern.

Ganz egal, wie sich dein Pferd bei dir vorstellt: Finde und fördere seine Stärke, und du wirst eine volle Pferdestärke zurückbekommen, im positiven Sinne. Wenn du einmal die Talente und Vorlieben eines Pferdes erkannt hast, kannst du sie durch gezielte Übungen fördern. Dies hilft nicht nur dabei, die natürlichen Fähigkeiten deines Pferdes zu verbessern, sondern steigert auch sein Selbstvertrauen und Wohlbefinden.

MERKE

Lobe und belohne dein Pferd. Positive Verstärkung hilft jederzeit, Vertrauen aufzubauen.

... die Bewegung und Stärke harmonisch miteinander vereint.

»Finde und fördere die Stärken deines Pferdes, und du erhältst die volle Pferdestärke geschenkt.«

ERKENNTNISSE

Die gewonnenen Erkenntnisse aus der Freiarbeit kannst du nutzen, um das weitere Training und die Erziehung des Pferdes besser auf seine individuellen Bedürfnisse und Fähigkeiten abzustimmen. Dies führt zu einem effektiveren und befriedigenderen Trainingsprozess für Pferd und Mensch. Ich bin auch der Überzeugung, dass sich durch die Freiarbeit und das Verständnis für die natürlichen Talente des Pferdes oftmals eine tiefere und respektvollere Beziehung zwischen Mensch und Pferd entwickeln kann. Das wiederum fördert eine positive Lernumgebung und lässt selbst schwierige Übungen, Bewegungen und Lektionen einfacher vermitteln.
Jedes Wesen hat seine speziellen Eigenschaften, seine individuellen Fähigkeiten und Interessen, die es von anderen abgrenzt. Die Freiarbeit bietet eine hervorragende Plattform, um diese Individualität zu erkunden und zu fördern. Trotzdem oder auch gerade deshalb ist es wichtig, ein Gleichgewicht zu finden. Talente zu erkennen und zu fördern kann sehr wertvoll sein. Aber es ist ebenso wichtig, die Bedeutung von Lernprozessen, Ausbildungsabschnitten und persönlicher Entwicklung zu betonen.

LERNATMOSPHÄRE

Erfolg und Zufriedenheit hängen oft von einer Kombination aus Talent, Anstrengung, Ausdauer und den richtigen Gelegenheiten ab. Es ist wichtig, eine Umgebung zu schaffen, in der Mensch und Pferd ermutigt werden, neue Fähigkeiten zu erlernen und sich Herausforderungen zu stellen – auch in Bereichen, in denen sie sich anfangs vielleicht nicht talentiert fühlen. Ärgere dich nicht länger über eine negative Atmosphäre oder Zwänge. Handle nach dem Motto: „Ich mache meinen Ponyhof, wie er mir gefällt!" Dazu brauchst du keine eigene Stallanlage, sondern nur das Gespür für die richtige Energie am Hof, im Training oder beim Verbringen von gemeinsamer Zeit.

ZIELE

Es gibt nicht die eine richtige Zielsetzung. Die Zielsetzung kann vielfältig sein, abhängig von den individuellen Bedürfnissen. Auf den folgenden Seiten möchte ich mich auf die gymnastizierende Freiarbeit konzentrieren und wie sie sich analog zum Reiten ausführen lässt.

TALENT UND LERNEN

Eine natürliche Begabung oder Veranlagung in einem bestimmten Bereich oder für eine bestimmte Tätigkeit findet sich überall. Es ist die inhärente Fähigkeit, in einem spezifischen Umfeld mit wenig Anstrengung herausragende Leistungen zu erbringen. Ein Talent zeigt sich oft in einer angeborenen Neigung oder einem starken Interesse an einer bestimmten Aktivität. Es ist etwas, das scheinbar mühelos oder intuitiv ausgeübt wird. Ganz unabhängig von der Freiarbeit lässt es sich bereits beim freien Spiel auf dem Paddock oder der Wiese beobachten.

LEICHTIGKEIT

Talent bestimmt über die Leichtigkeit des Lernens. Ein Pferd mit einem Talent für etwas lernt und meistert die entsprechenden Anforderungen schneller und effektiver als der Durchschnitt. Im Umkehrschluss bedeutet das in manchen Fällen, dass eine gewisse Zielsetzung vielleicht nicht erreichbar ist, weil das Zuchtziel und die damit verbundenen körperlichen Möglichkeiten in mancher Hinsicht einschränken oder die auszuführende Tätigkeit komplett anders aussehen lassen als das scheinbare „Idealbild".

Pferde mit einem angeborenen Talent erreichen häufig große Leistungen. Sie werden auf ihrem speziellen Gebiet oft auf einem höheren Leistungsniveau unterwegs sein als andere, die dieselbe Menge an Training oder Praxis absolviert haben. Dabei bringen

01

01 Wer eine Begabung entdeckt, kann sein volles Potenzial entfalten und neue Ziele erreichen.

02 Trotz Begabung braucht es Übung, um Fähigkeiten zu verbessern.

Pferde mit Talent auch oftmals eine gewisse Kreativität oder Innovationsfähigkeit mit, die es dem Individuum ermöglicht, einzigartige oder originelle Ansätze in seiner Tätigkeit zu entwickeln.
Was mich besonders begeistert, sind der Enthusiasmus und die Leidenschaft, mit der sich talentierte Pferde zeigen können. Sie können das gleiche Interesse für eine Sache entwickeln wie der Partner Mensch. Diese Voraussetzungen motivieren Pferd und Mensch dazu, sich kontinuierlich zu verbessern und sich den Herausforderungen zu stellen.
Besonders in der Freiarbeit wird das instinktive Verständnis für eine Sache deutlich. Es bedarf häufig nur Nuancen,
um eine spezifische Ausführung zu erhalten. Doch genau das macht es oftmals für uns Menschen schwer, diese Feinheiten auch selbst wahrzunehmen.

Mir ist es wichtig anzumerken, dass Talent allein meistens nicht ausreicht, um Fortschritt zu garantieren. Es muss in der Regel durch Übung, Ausbildung und Engagement weiterentwickelt und stetig verfeinert werden.
Talent liegt auch immer im Auge des Betrachters. Was der eine als Talent empfindet, ist für den anderen Pferdebesitzer vielleicht gar nicht von Interesse.
In vielen Fällen ist das Zusammenspiel von Talent, Ausdauer, kontinuierlichem Üben und Gelegenheiten entscheidend, um ein Ziel zu erreichen. Doch wer erreicht schon das Ziel und kann sagen: „Fertig!“? Bei der Reitkunst geht es weniger um das klar definierte Ziel, etwas zu beenden. Es geht vielmehr um den gemeinsamen Weg dorthin, der das große Ganze so erstrebenswert macht. Genau so sollte eine gymnastizierende Freiarbeit gesehen werden!

02

PFERDESTÄRKE ERLEBEN

— und mit der Freiarbeit für sich gewinnen

WO EIN WILLE IST, FINDET SICH EIN WEG

In meiner Tätigkeit als Ausbilder geht es nicht immer nur darum, Mensch und Pferd bei der praktischen Ausführung zu coachen, um die gesteckten Ziele oder einfach nur ein verbessertes Miteinander zu erreichen. Es geht auch um das Vermitteln von Ideen und Anregungen, damit es überhaupt erst zu einer praktischen Umsetzung kommen kann. Häufig braucht es einen ersten Anstoß, eine Initialzündung, um sich an Neues zu wagen und auch mögliche Hindernisse zu überwinden.

HINDERNISSE ÜBERWINDEN

Ein Beispiel dafür ist eine Aussage, die ich häufig bei meinen Seminaren zur Freiarbeit höre: „An meinem Stall ist das Freilassen von Pferden nicht erlaubt!" Ganz unverständlich ist diese Vorschrift nicht: Ein unkontrolliert freilaufendes Pferd ist immer ein Sicherheitsrisiko, was kein Stallbetreiber gerne trägt. In Bezug auf die Freiarbeit ist das erst einmal ein deutliches Hindernis.

Gemeinsam wird der Weg zum Ziel wertvoll und erfüllend sein.

Echte Partnerschaft verwandelt Hindernisse in Abenteuer.

Worüber wir bei der gymnastizierenden Freiarbeit reden, ist eine andere, vielleicht ein Stück weit auch neue Welt, die Veränderung mit sich bringt – eine Veränderung im Umgang mit dem Pferd, die wir bewusst erleben wollen. Aber auch hier ist der Weg das Ziel. Versuche zunächst, die Perspektive zu erweitern, den Blick für noch ungenutzte Möglichkeiten in eurem Reitstall zu öffnen. Ein erklärendes Gespräch weckt vielleicht Verständnis. Umgängliche Pferde sind der Traum jedes Pensionspferdehalters. Mach deinem Stallbesitzer deine Arbeit schmackhaft.

Zu Beginn benötigst du ein ruhiges Umfeld, aber keine großen Räume. Ein leerer Paddock ist eine gute Idee. Vielleicht gibt es auf dem Hof noch eine ungenutzte kleinere Fläche, die sich eignen würde. Eine weitere Möglichkeit kann die Weide deines Pferdes sein, falls in deinem Stall jedes Pferd seinen eigenen Weidebereich hat. Zugegeben, das ist dann schon eine Herausforderung und macht den Start nicht besonders leicht. Redet miteinander und sucht einen Weg, den Wunsch in die Tat umzusetzen. Lass dich nicht entmutigen.

CHANCEN ERKENNEN

Hindernisse und Herausforderungen sind oft Chancen für Wachstum und Lernen. Auch wenn das ursprüngliche Ziel aufgrund der Umstände angepasst werden muss, kann der Prozess der kreativen Problemlösung wertvolle Erfahrungen und Erkenntnisse bieten.

VERSTÄNDNIS WECKEN

Das Überwinden von Hindernissen gehört im Leben dazu und macht kreativ. Gehe neue Wege, schaue nach rechts und links und suche vor allem das Gespräch mit jedem, der sich für dein Anliegen oder besser noch deine Arbeit interessiert. Sieh es als Herausforderung. Dabei kann deine Fähigkeit, den Standpunkt des anderen zu verstehen, das Tor zum Erfolg sein. Last, not least gelingt es dir möglicherweise, andere für diese Arbeit zu begeistern oder sie zumindest neugierig zu machen. Je mehr Pferdebesitzer dabei sind, desto besser, dann wird man auch den Stallbetreiber überzeugen können.

IMAGINÄRE FREIARBEIT

Eine interessante Alternative ist das „imaginäre Freiarbeiten": Das Verbot eines freilaufenden Pferdes kann umgangen werden, indem du imaginär, also nur in deiner Vorstellung, „frei" arbeitest, um dem Betrachter erst einmal die Angst oder Unsicherheit vor dem Neuen zu nehmen. Das bedeutet, dass du dein Pferd zunächst am Strick zu dem Ort bringst, an dem ihr trainieren wollt. Dort beginnst du erst einmal so mit deiner Arbeit. Du gehst alle Ausbildungsschritte durch, die dir vertraut sind, ohne dabei gegen eine Regel zu verstoßen. Im Kapitel „Führ- und Folgearbeit" werden viele Dinge detailreich erklärt, die dir eine Vorstellung geben, wie eine imaginäre gymnastizierende Freiarbeit aussehen kann.

NETZWERK

Natürlich kann es auch das Hindernis geben, dass sich in deinem direkten Umfeld kein Trainer befindet, der dir hilfreich beiseite steht. Doch auch hier gibt es effektive Möglichkeiten.
Die Nutzung von digitalen Ressourcen ist in vielen Fällen die Lösung. Online-Plattformen, wie beispielsweise die www.online-reitschule.de mit verschiedenen digitalen Tools, sind darauf spezialisiert, die physischen Grenzen zu überwinden. Ausführliche Schritt-für Schritt-Anleitungen in Büchern generieren ebenfalls einen großen Lernerfolg. Dieses Buch bietet dir zudem digitale Veranschaulichungen in der KOSMOS-PLUS-App. Seit vielen Jahren unterstütze ich Schüler in den unterschiedlichsten Ländern durch Online-Unterricht. Live-Coaching oder Videoanalysen bieten hervorragende Trainingsmöglichkeiten und sind heutzutage sogar am anderen Ende der Welt mit nur einem Mausklick möglich.
Baue dir ein Netzwerk auf. Manchmal kann die Einbindung anderer Menschen oder das Suchen nach einer Gemeinschaft, die ähnliche Ziele verfolgt, neue Wege eröffnen und Unterstützung bieten.
Flexibilität und Geduld sind hilfreiche Eigenschaften, die nicht jeder von uns hat. Es sind aber genau diese Punkte, die einen guten Freiarbeiter, Bodenarbeiter und Reiter ausmachen. Sei bereit, die Herangehensweise zu ändern und geduldig zu sein. Oft erfordert es Zeit und Ausdauer, neue Lösungen für Probleme zu entwickeln oder auf die angestrebte Veränderung zu warten.

Es gibt immer eine Lösung, wenn man bereit ist, kreativ zu denken, geduldig zu bleiben und neue Wege zu erkunden.

EIN SICHERER ORT FÜR EINEN SICHEREN START

Was müssen zwei so unterschiedliche Spezies beachten, wollen sie gemeinsam erfolgreich arbeiten? Beginnen wir mit dem Arbeitsumfeld.
Was würde sich das Flucht- oder Beutetier Pferd wünschen? Ganz sicher einen vertrauten Ort, ohne plötzliche laute Geräusche oder unerwartete Bewegungen. Ein gut strukturiertes Training mit klaren Anweisungen und Belohnungen für erzielte Fortschritte. Eine Umgebung, die seine Instinkte unterstützt und fördert, also möglichst wenig Ablenkung und kein Stress.
Und was erwarten wir? Eine Umgebung, die frei ist von sichtbaren Gefahrenquellen – niemand möchte Unfälle oder Verletzungen riskieren. Aber nicht nur unsere physische Sicherheit liegt uns am Herzen, sondern auch die psychologische Sicherheit. Wir wollen uns wohlfühlen und im Idealfall unterstützt werden, also ohne Sorge um negative Konsequenzen aus unserem Umfeld arbeiten können.

MERKE
Schaffe dir die Grundvoraussetzung für effektives Lernen und Informationsverarbeitung. Eine gute physische Gesundheit unterstützt die kognitive Funktion und Leistung.

Besser konzentrieren in einem sicheren Umfeld

Ein aufregendes Umfeld kann zugleich Unsicherheit bringen und eine spannende Herausforderung sein.

Ein solches Umfeld kann auf verschiedene Weise förderlich sein.

1. Fühlen sich Mensch und Pferd wohl und komfortabel in ihrer Umgebung, sind Stressquellen nicht oder nur geringfügig vorhanden. Angstzustände sollten zu jeder Zeit vermieden werden. Kommt es zu solchen, muss der Fokus auf dem Stressabbau liegen und nicht mehr auf der Lektion oder dem zu erarbeitenden Ziel. Stress kann die Fähigkeit des Gehirns, neue Informationen aufzunehmen und zu speichern, beeinträchtigen. Ein Zustand der Ruhe hingegen fördert die Neuroplastizität, also die Fähigkeit des Gehirns, sich anzupassen und zu lernen.
2. In einer vertrauten Umgebung, frei von störenden oder beunruhigenden Elementen, können sich Pferd und Mensch besser auf die Aufgabe konzentrieren. Eine geringere Ablenkung führt zu effektiverem Lernen und macht gleichzeitig auch viel mehr Spaß. Ist dein Pferd ständig auf der Suche nach einer potenziellen Gefahrenquelle, kann es deinen Informationen nicht folgen. So kommt schnell Frustration beim Menschen auf. Frust, Wut oder Ungeduld sind in Bezug auf die Pferdeausbildung schlechte Eigenschaften, die alles erschweren. Der Umgang sollte zu jeder Zeit fair sein, dazu gehört auch das Schaffen eines optimalen Lernumfeldes.
3. Ein angenehmes und anregendes Umfeld kann die Motivation zum Lernen steigern. Wer sich wohlfühlt, ist eher bereit, sich Herausforderungen zu stellen.

Ein optimales Umfeld kann von Individuum zu Individuum variieren. Was für ein Pferd oder einen Menschen als ideal gilt, eignet sich möglicherweise nicht für eine andere Mensch-Pferd-Kombination. Daher ist es entscheidend, individuelle Präferenzen und Bedürfnisse zu berücksichtigen.

Auch Unfallverhütung ist ein wichtiges Thema. In der Freiarbeit ist das Pferd frei in der Entscheidung, ob es bei seinem Menschen bleiben möchte. Es ist absolut nicht ungewöhnlich, dass dein Pferd zu Beginn auch mal das Weite suchen wird. Nimm es nicht persönlich, sondern lerne die Gründe dafür zu erkennen. Arbeite in aller Ruhe weiter an eurer gemeinsamen Bindung. Die eigenen körpersprachlichen Fehler, Ablenkungen, Übermut und Spaß an der Bewegung sind nur einige Ursachen, warum das Pferd sich aus deinem Wirkungsbereich entfernt.

VORKEHRUNGEN FÜR EIN SICHERES UMFELD

- Suche dir ein geschlossenes Areal, z. B. eine Reithalle, die mit einer Bande und Türen begrenzt ist, oder einen umzäunten Reitplatz. Vielleicht ist es möglich, auf dem Reitplatz einen kleinen Bereich sicher abzugrenzen, in dem du dann mit deinem Pferd arbeiten kannst.
- Eine Longierhalle oder eine kleine Bewegungshalle sind perfekt geeignet.
- Rund oder viereckig – alles hat seine Vor- oder Nachteile, auf die ich hier aber nicht im Einzelnen eingehen möchte. Wichtig ist, einen Ort zu finden, wo dein Pferd auch bei kleinen Missverständnissen in deiner Nähe bleibt und nicht frei und vielleicht verängstigt auf der gesamten Hoffläche herumrennt.
- Achte darauf, dass bei deinen ersten Versuchen niemand in der Reithalle mit seinem Pferd arbeitet, der sich durch die Freiarbeit gestört fühlt oder sogar physisch gestört werden könnte. Läuft dir dein Pferd weg, so hat es in der Regel die Neigung, zu einem anderen Pferd zu rennen. Das könnte zu einer unangenehmen Situation führen.
- Wenn du mit einem weiteren Freiarbeiter trainierst, dann stelle sicher, dass sich die Pferde gut verstehen und es nicht zu Auseinandersetzungen kommt.
- Wer Pferde liebt, hat meistens auch ein großes Bedürfnis, in der Natur zu sein, im Wald, auf großen Wiesen oder gar am Strand. Die sozialen Netzwerke verstärken diese Sehnsucht nach „Freiheit" noch. Vorsicht! Nicht immer ist alles Gold, was glänzt, nicht alles eignet sich zur Nachahmung. In vielen Fällen sieht man durch geschickte Kameraeinstellung nur die halbe Wahrheit. Ich möchte deutlich davon abraten, an solchen Locations ohne Abgrenzung zu arbeiten.
- Wer sein Pferd komplett frei laufen lässt auf Feldwegen, Wiesen ohne Abgrenzung oder am Strand gefährdet sich, sein Pferd und Mitmenschen. Selbst wenn du das Empfinden hast, dass die Bindung zu deinem Pferd besonders stark ist, solltest du immer vorausschauend denken. Eine unvorhersehbare Situation, z. B. ein Motorradfahrer im Wald, lässt die Bindung sehr schnell reißen. Vermindere stets alle Risiken und erhalte dir das Bewusstsein für die Realität, im Sinne aller Beteiligten.
- Die ständige Konfrontation mit Trends, Meinungen und Verhaltensweisen auf sozialen Plattformen kann ungewollten Druck ausüben, den wir bei der Arbeit mit Pferden ganz sicher nicht brauchen. Ein häufiges Resultat ist Frustration, wenn man sich zu sehr an scheinbar perfekten Pferd-Mensch-Paaren orientiert. Nichts in der Arbeit mit Lebewesen kann eins zu eins übertragen werden. Lass dich inspirieren und suche die für dich passenden Vorbilder und erstrebenswerten Ziele, bleibe aber immer du selbst mit deiner individuellen, persönlichen Ausführung.

NICHTS IST SO ERFOLGREICH WIE EIN HERZ VOLL LIEBE

Nichts ist so erfolgreich wie ein Herz voll Liebe! Mit dieser Aussage möchte ich die Kraft des positiven Feedbacks betonen und hervorheben, wie effektiv das Loben sein kann, um Motivation zu fördern und gewünschtes Verhalten zu verstärken. „Und das Loben nicht vergessen!", ist einer der Sätze, die ich im Unterricht am häufigs-

Loben ist Balsam für die Seele und motiviert, weiter Fortschritte zu machen.

ten wiederhole – zumindest bei einigen neuen Schülern, die den Weg zu mir gefunden haben und sich der „Macht" des Lobens noch nicht so bewusst sind. Eine Vorstellung von „Loben" hat jeder Pferdebesitzer. Aber der richtige Einsatz und die Effektivität von Lob sowie die damit verbundene Wirkung werden häufig unterschätzt oder einfach nicht geübt.
Das Lob ist eine sehr effiziente Trainingsmethode, sowohl in der Erziehung von Menschen als auch im Training von Tieren. Es schafft eine gute Lernatmosphäre und ist auch bei der gymnastizierenden Freiarbeit eine Form der positiven Verstärkung. Loben fördert erwünschtes Verhalten und trägt enorm bei zur Entwicklung bestimmter Verhaltensweisen bei, aber auch zur Entwicklung der Persönlichkeit.
Gerne möchte ich dich im Verlauf dieses Buches immer wieder an das Loben erinnern und bei jeder Trainingseinheit der gymnastizierenden Freiarbeit (oder auch bei allem, was du sonst mit deinem Pferd tust) animieren, ein Herz voll Liebe bei dir zu tragen.

»Reitkunst soll zu jeder Zeit sichtbar gemachte Liebe zum Pferd ausdrücken.«

LOB BEWIRKT SO VIEL GUTES, SETZE ES EIN!

1. **Steigerung der Motivation**
   Lob kann die Motivation erheblich steigern. Wenn die Bemühungen und Erfolge anerkannt werden, fühlen sich Mensch und Pferd ermutigt, sich weiterhin anzustrengen und zu verbessern.

2. **Verstärkung erwünschten Verhaltens**
   Durch Lob wird spezifisches Verhalten positiv verstärkt. Dies hilft dem Lernenden zu verstehen, welches Verhalten erwünscht ist, und erhöht die Wahrscheinlichkeit, dass dieses Verhalten wiederholt wird.

3. **Aufbau von Vertrauen und einer positiven Beziehung**
   Lob trägt dazu bei, eine positive Beziehung zwischen Trainer und Trainierendem aufzubauen. Es schafft eine Atmosphäre des Vertrauens und der Unterstützung, was besonders wichtig ist, um effektives Lernen zu ermöglichen.

4. **Reduzierung von Stress und Angst**
   Im Gegensatz zu Methoden, die auf Bestrafung basieren, fördert das Loben eine Lernumgebung, die frei von Angst ist. Dies ermöglicht ein entspannteres und aufnahmebereiteres Lernen.

5. **Förderung der Selbstwahrnehmung und Selbstbewertung**
   Lob kann Menschen und Tiere dazu anregen, sich selbst und ihre Fähigkeiten positiver zu sehen. Das stärkt das Selbstvertrauen und trägt zur Selbstständigkeit im Lernprozess bei.

6. **Langfristige positive Effekte**
   Studien haben gezeigt, dass positive Verstärkung, einschließlich Lob, langfristig effektiver ist bei der Aufrechterhaltung erwünschter Verhaltensweisen als negative Verstärkung oder Bestrafung.

FIT UND FREI

— gemeinsam bewegen, trainieren, Beziehung gestalten

Gemeinsame Bewegung kann Stress abbauen.

GESUND BEWEGEN

Bei der Freiarbeit kann ein Pferd in vielfältiger Weise trainiert werden. Gemeinsames Laufen in verschiedenen Gangarten, gemeinsames Springen über kleine Hindernisse oder das Ausführen verschiedener klassischer Lektionen, wie es bei der gymnastizierenden Freiarbeit der Fall ist, stärken die Muskulatur und verbessern Beweglichkeit, Koordination und Ausdauer von Pferd und Mensch. Die Freiarbeit kann helfen, die Fitness und die natürlichen Bewegungsabläufe beider Partner zu fördern und zu erhalten. Wer im Berufsalltag wenig Bewegung hat, kann dies in seiner Freizeit mit Pferd nachholen. Neben den körperlichen Aspekten bietet die Freiarbeit auch mentale und emotionale Vorteile. Sie erfordert Konzentration, Geduld und das Feingefühl, in ein anderes Lebewesen hineinzuspüren. Das kann dazu beitragen, Stress abzubauen und das allgemeine Wohlbefinden zu verbessern.

Die gymnastizierende Freiarbeit kann an das Fitnessniveau und die Bedürfnisse von Mensch und Pferd angepasst werden. Es ist eine flexible Trainingsmethode, die sowohl für Anfänger als auch für Fortgeschrittene geeignet ist. Wer körperliche Einschränkungen hat oder einfach nicht so gut zu Fuß ist, muss sich also keine Sorgen machen. Viele anpassbare Möglichkeiten machen die Faszination aus, da sie Flexibilität und individuelle Entwicklung fördern.

MERKE

Die Freiarbeit ist eine wertvolle Methode, um die Fitness und das Wohlbefinden von Mensch und Pferd zu fördern. Sie stärkt nicht nur die physische Verfassung, sondern auch die emotionale Bindung und Kommunikation zwischen den Partnern.

ZU BEGINN MIT ODER OHNE EQUIPMENT?

Womit fängt ein zukünftiger Freiarbeiter eigentlich an? Direkt frei ohne jegliches Zubehör oder doch lieber mit etwas Equipment, um auf der sicheren Seite zu sein? Die richtige Antwort hängt von verschiedenen Faktoren ab, wie beispielsweise vom Trainingsstand des Pferdes, der Erfahrung des Trainers sowie der spezifischen Ziele und Bedürfnisse eines jeden. So kann nicht pauschalisiert werden, wie der beste Start aussieht. Es besteht immer die Möglichkeit, die Freiarbeit direkt, ohne jegliches Equipment zu starten, auch die gymnastizierende Freiarbeit. In der Regel ist es aber für Menschen und Pferde wesentlich leichter, wenn zu Beginn Equipment genutzt wird. Auch dürfen wir die lokalen Gegebenheiten nicht vergessen, die ich bereits erwähnt habe. Es

Sich gesund zu bewegen, stärkt auch das Wohlbefinden und die Lebensqualität.

Schätze ein, ob du besser mit oder ohne Equipment beginnst.

ist nicht jedem möglich, sein Pferd einfach mal so „frei“ laufen zu lassen.
Die Nutzung von Equipment verringert Missverständnisse, ermöglicht in kürzester Zeit das Übertragen von Lerninhalten und gibt mehr Zeit zum Verinnerlichen der Abläufe auf beiden Seiten. Fühle dich aber nicht genötigt, Hilfsmittel wie beispielsweise Strick und Halfter zu benutzen. Du kannst gerne direkt frei starten und deine Erfahrungen machen oder deine bereits gewonnenen Erfahrungen anwenden. Es schadet aber nie zu wissen, wie ein „Überbrückungsequipment“ verwendet werden könnte.

MERKE
Noch einmal zusammengefasst: Es gilt, die eigenen Fähigkeiten sowie die deines Pferdes realistisch einzuschätzen. Wenn du und dein Pferd komplett neu in der Freiarbeit seid, kann und wird es sinnvoll sein, zunächst mit Equipment zu beginnen, um Grundlagen der Kommunikation und Kontrolle zu etablieren. Seid ihr beide bereits mit der Freiarbeit etwas vertraut, weil ihr beispielsweise auf der Wiese ohne Halfter und Strick Spaziergänge macht oder auf dem Reitplatz oder der Reithalle öfter ohne Zubehör miteinander Aufgaben absolviert, dann lohnt es sich immer, die ersten Ausbildungsschritte direkt frei auszuprobieren.

STUNDE DER WAHRHEIT

Wer frei arbeitet, kann sich und dem Pferd nichts vormachen! Immer, wenn wir Halfter und Strick ablegen, werden wir der Wahrheit ins Gesicht schauen. Es gibt zwei Möglichkeiten nach dem Ablegen von Kontrollzubehör: Entweder bleibt dein Pferd bei dir, weil es gerne bei dir bleiben möchte und in freudiger Erwartung ist, welche neuen Aufgaben ihr nun gemeinsam absolvieren werdet. Oder dein Pferd freut sich, dass du die Kontrolle aufgibst und damit natürlich auch den direkten Einfluss, dein Pferd in deiner Nähe zu halten. Dann wird es sich direkt oder auch erst nach Realisierung der neuen Möglichkeiten von dir entfernen und allein in die große Welt spazieren.
Häufig macht sich dann erst einmal Frustration breit. Doch davor möchte ich dich bewahren. Die meisten Menschen gehen davon aus, dass ihr Verhältnis zu ihrem Pferd besonders gut ist. Darum ist der Moment der Wahrheit auch so enttäuschend. Er soll dich aber eher motivieren, dich einer neuen, größeren Aufgabe zu stellen: Verbessere die Kommunikationsebene um ein Vielfaches und gebe deiner gesamten Zeit mit dem Pferd damit eine andere Qualität.
Viele Verhaltensweisen, die dein Pferd zeigt, sobald du Halfter und Strick abmachst, sind antrainiert. Bevor du jemals an Freiarbeit gedacht hast, sind Jahre ins Land gegangen, in denen bereits „Freiarbeit“ gemacht wurde – nur eben komplett anders, als du sie dir vielleicht jetzt, mit diesem Buch, vorstellst. Jedes Mal, wenn du oder jemand anderes dein Pferd in die Box führt, auf die Weide oder zurück zur Offenstallgruppe bringt, passiert dasselbe.

01

02

03

04

05

01 Denk an die imaginäre Freiarbeit!

02 Lobe dein Pferd nach einem erfolgreichen Anhalten und streiche mit der Hand in Richtung Halfter.

03 Nehme das Halfter langsam ab und verhalte dich dabei so normal wie möglich.

04 Mach mit deiner Führarbeit weiter.

05 Versuch bei gleichbleibendem Tempo rückwärts vom Pferd wegzugehen. Folgt es dir aufmerksam und auf direktem Weg, ist dir ein erster Freiarbeitserfolg gelungen.

06 Zurück in der Führhaltung neben deinem Pferd, kannst du auch einmal ohne Bandennähe laufen.

06

Nur wer gewohnte Sicherheiten ablegt, beginnt das Wagnis, sich selbst zu vertrauen.

002
Zum Film:
Inspirationen

Das Halfter oder der Strick wird abgemacht und das Pferd denkt sich: „Juchhu, ich bin frei und kann machen, was ich will." Jeder Klick des Karabiners wird zum Trigger der Freiheit. Vielleicht verzichtest du ja aus genau diesem Grund auf einen „Klick" – das ist auch gut und eine richtige Angewohnheit. Dennoch muss ich leider antworten, dass dein Pferd dich und deine Körpersprache besser kennt als du. Es sieht und weiß genau, wann der Strick abgemacht wird.

UNSICHERHEIT BEIM VERLUST DER SICHERHEIT

Ein weiterer eklatanter Grund, warum dein Pferd bei deinen ersten Versuchen der Freiarbeit vielleicht nicht bei dir bleiben möchte, ist schnell erklärt: Ablegen von Halfter und Strick bedeutet Ablegen von gewohnten Sicherheiten. Auch wenn du es durch den alltäglichen Umgang mit deinem Pferd nicht mehr als Sicherheit erkennst, strahlt dein Körper diese Sicherheit aus. Nun machst du Halfter und Strick ab und sofort entsteht im eigenen Körper die Fragestellung: „Bleibt mein Pferd bei mir oder nicht?" Und genau diese Fragestellung macht es aus, dass wir so viele Signale senden, die das Pferd in diesem Zusammenhang nicht kennt und sich dann lieber dafür entscheidet, die Sicherheit mit den „eigenen Hufen" zu übernehmen.

TRAININGSTIPP

Der Beginn mit Equipment kann eine solide Grundlage für die Sicherheit und Effektivität der Freiarbeit schaffen. Deshalb wird der schrittweise Abbau des Equipments in den meisten Fällen empfehlenswert sein. Schrittweises Reduzieren der Ausrüstung bewahrt nicht vor dem „Tag der Tage", aber es entwickelt stetig und solide die Kommunikationsbasis, die es benötigt, um immer weniger Equipment zu verwenden und mehr auf Körpersprache und verbale Kommandos zu setzen.

☞ INSPIRATIONEN UND IMPRESSIONEN

01

02

03

04

05

06

01 Gymnastik oder einfach mal eine Pause

02 Freies Longieren ist Bewegung ohne Einschränkungen.

03 Reitkunst-Lektionen entwickeln und festigen mit der Freiarbeit

04 Ausdruck und Aufwärtsbewegung symbolisieren Entwicklung und Kraft.

05 Energie bündeln und Kräfte nutzen

06 Trotz Distanz die Nähe spüren bedeutet, durch Verbundenheit und Vertrauen Nähe aufrechtzuerhalten.

HILFSMITTEL

Zu Beginn kann, darf und teilweise sollte also auch das eine oder andere Hilfsmittel benutzt werden. Wir dürfen nicht davon ausgehen, dass der Partner Pferd unsere neuen Aktionen von Anfang an richtig verstehen wird – zumal es den meisten Menschen zu Beginn auch sehr schwerfällt, die eigene Körpersprache präzise einzusetzen. Erschwerend kommt hinzu, dass vielfach die eigene Motivation eine neue Dynamik in unsere Körpersprache transportiert, die das Pferd eher verunsichern wird. Emotionen, persönliche Erfahrungen und individuelle Persönlichkeitsmerkmale beeinflussen unsere Körpersprache ebenso, sie ist vielschichtig und subtil. Mache dir bewusst, dass deine Haltung, deine Mimik, dein Augenkontakt und unbewusste Gesten vielfach nicht eindeutig sind und unterschiedlich interpretiert werden können.

Die Ausrüstung dient dazu, das Freiarbeitstraining effektiver zu gestalten, die Sicherheit für Pferd und Reiter zu erhöhen und spezifische Trainingsziele zu erreichen. Sie

Grundausrüstung: ein Halfter mit Strick …

… oder ein multifunktionaler Kappzaum mit Führseil

01

01 Zwei gleichgroße Gerten mit ca. 1,20 Meter und eine Bogenpeitsche von ca. 1,60 Meter sind sinnvoll.

02 Extras: Halsring und Halslonge

02

unterstützt deine Körpersprache. Vielleicht argumentierst du, dass die Verwendung von Equipment der Idee der Freiarbeit entgegensteht, bei der es gerade darum geht, eine natürliche und freie Beziehung zum Pferd zu entwickeln. Übe dich in Geduld! Equipment kann nützlich sein, um Lernziele besser zu erreichen oder um die Sicherheit während des Trainings zu gewährleisten. Wichtig ist, dass das Equipment sachgemäß und mit Bedacht eingesetzt wird und das Wohlbefinden des Pferdes immer im Vordergrund steht. Wer Equipment nutzt und dabei die eigentliche Zielsetzung aus den Augen verliert, wird selbst bei passender Ausrüstung das gewünschte Ergebnis verfehlen. Equipment sollte nicht als Ersatz für gute Trainingsmethoden oder als Mittel zur Erzwingung der Freiarbeit verwendet werden. Stattdessen sehen wir es als Hilfsmittel, das unterstützend wirken kann.

Ein Halfter mit Strick und eine normale Gerte reichen aus, um so ziemlich alle Eingangsübungen auszuführen, die ich auf den kommenden Seiten erkläre. Mein Grundsatz dabei: So wenig wie möglich! Verwende soviel wie notwendig, aber behalte meinen Grundsatz immer im Blick.

DIE AUSBILDUNGS-SCHRITTE

— mit Konzept zum Ziel

DEN WEG PLANEN

Das Erreichen eines Ausbildungsziels, sei es beim Reiten, in der Boden- oder auch der Freiarbeit, erfordert in der Regel eine strukturierte Vorgehensweise, die in mehrere Ausbildungsabschnitte unterteilt ist. Jeder Abschnitt bildet einen Teil des Weges und hat spezifische Funktionen und Merkmale. Hier möchte ich dir und deinem Pferd eine detaillierte Beschreibung dieser Ausbildungsabschnitte an die Hand geben. Bitte fühle dich von einer strukturierten Herangehensweise nicht abgeschreckt. Natürlich kannst und darfst du dich auch einfach nur inspirieren lassen und Tipps aus diesem Buch holen, um sie dann intuitiv in die Zusammenarbeit mit deinem Pferd einfließen zu lassen.

Meines Erachtens sind einzelne Ausbildungsabschnitte essenziell beim Erlernen neuer Fähigkeiten. Diese Abschnitte dienen mehreren wichtigen Zwecken:

— Sie helfen, den Lernprozess in überschaubare Einheiten zu unterteilen, was die Planung und Umsetzung von Lernaktivitäten erleichtert. Diese Strukturierung ermöglicht es, Fortschritte systematisch zu erkennen, zu fühlen und zu bewerten.

Zielstrebigkeit und Fokussierung erleichtern den Weg.

- Durch die Unterteilung in verschiedene Abschnitte kann auf bereits erworbenen Kenntnissen und Fähigkeiten aufgebaut werden. Dies fördert ein tiefes Verständnis und unterstützt dabei, sich bei der gymnastizierenden Freiarbeit komplexe Informationen oder Fertigkeiten anzueignen. Besonders das Führen und Folgen profitiert von bereits erworbenen Fähigkeiten, die ein jeder Pferdebesitzer in diesem Zusammenhang hat.
- Individuelle Unterschiede in der Lerngeschwindigkeit und im Verständnis können berücksichtigt werden, indem bestimmte Abschnitte bei Bedarf intensiver behandelt oder wiederholt werden. Das betrifft dich als Ausbilder deines Pferdes ganz besonders. Wenn du Unterricht bekommst von dem Ausbilder deiner Wahl, wird dieser auf deine Lerngeschwindigkeit und dein Umsetzungsvermögen eingehen. Und genauso solltest du es auch im Zusammenhang mit deinem Pferd machen.
- Durch die Einteilung in einzelne Abschnitte können Zwischenziele gesetzt werden, deren Erreichen für Erfolgserlebnisse sorgt. Dies kann die Gesamtmotivation und das Engagement im Lernprozess erhöhen.
- Die Planung und Durchführung von Ausbildungsabschnitten ermöglichen eine effiziente Nutzung von Zeit, da der Fokus auf den jeweils relevanten Lerninhalten liegt. Das ist ein wichtiger Faktor, wie ich als Ausbilder immer wieder feststelle. Nur zu oft höre ich die Aussage: „Ich kann ja nicht alles machen, Reiten, Bodenarbeit und Freiarbeit." Das Geheimnis liegt in der richtigen Dosierung und Verbindung. Ein gutes Konzept kann viele Tätigkeiten sinnvoll ineinanderfließen lassen. Noch einmal am Beispiel des Führens: Wer in die Reithalle geht, um zu reiten, kann auch während des Weges oder vor dem Aufsitzen einige Führübungen machen, die gleichzeitig für die Freiarbeit dienlich sind.

AUSBILDUNGS-ABSCHNITTE

Ich möchte euch drei Ausbildungsabschnitte an die Hand geben. Sie schaffen eine klare, fokussierte und effektive Struktur für den Lernprozess, die nicht nur die Erreichung des Endziels unterstützt, sondern auch die Zeit mit deinem Pferd viel intensiver und leidenschaftlicher macht.

1. Führ- und Folgearbeit
2. Hilfen- und Formarbeit
3. Übungs- und Lektionsarbeit

DIE FÜHR- UND FOLGEARBEIT

003

Zum Film: Mit der Freiarbeit beginnen

Der erste Ausbildungsschritt ist für mich immer die Führ- und Folgearbeit. An dieser Stelle wendest du vielleicht ein: „Führen kann ich, das mach ich schon lange und täglich und brauche es nicht mehr zu üben.“ Ja, ich verstehe diese Aussage, und in gewisser Weise ist das Statement nachvollziehbar. Denn woher soll man denn auch wissen, dass Führen nicht gleich Führen ist und in Verbindung mit der Freiarbeit einen ganz anderen Stellenwert bekommt? Führen ist alltäglich, egal welche Disziplin gefragt ist. Führen, so könnte schnell behauptet werden, ist demnach keine Kunst. Stellen wir uns aber die Frage: „Was passiert, wenn ich tatsächlich den Strick abmache?“, wird man häufig feststellen, dass das bisherige Führen doch recht künstlich war. Spätestens jetzt kommt die Stunde der Wahrheit, oder besser der Erkenntnis. Führe „ich“ oder führt „der Strick“ mein Pferd? Die Führ- und Folgearbeit, über die wir hier reden und die du trainieren möchtest, setzt also erst einmal ein Erkennen und Nachdenken voraus.

SCHNELLTEST

Wer sich nicht sicher ist, ob er das Führ- und Folgearbeitskapitel wirklich noch benötigt, kann durch eine Art Schnelltest eine Antwort finden. Bitte führe folgende Übungen mit deinem Pferd aus:

1. Nach Betreten deines Trainingsareals (Reithalle/Reitplatz etc.) legst du den Strick um den Hals deines Pferdes und fixierst ihn dort mit einem Knoten.
   So kann dein Pferd im Fall eines fluchtartigen Wegstürmens nicht darauftreten. Schließe Gefahrenquellen wie ein Reintreten in die Strickschlaufe oder ein Strangulieren durch Zuziehen des Stricks unbedingt aus.
2. Nun ist dein Pferd „frei“ – zumindest frei von einem Zug am Führseil. Spitze, jetzt legen wir los.
3. Deine Position bleibt dieselbe wie zuvor, was wahrscheinlich bedeutet, dass du links oder rechts ungefähr neben der Schulter des Pferdes stehst.
4. Jetzt machst du folgende Übungen hintereinander weg:

— Gehe eine komplette Runde neben der linken Schulter am dritten Hufschlag entlang auf der linken Hand deines Pferdes. Die Ecken werden dabei zwangsläufig abgerundet, also nicht tief durchlaufen.
— Wende dann von der Mitte der kurzen Seite auf die Mittellinie ab und halte bei X.
— Laufe vor dem stehenden Pferd herum, um an seine rechte Schulter zu gelangen.
— Gehe erneut an. Wechsle die Hand und laufe eine komplette Runde am dritten Hufschlag entlang.
— Danach wende von der Mitte der kurzen Seite auf die Mittellinie ab und halte wieder bei X.
— Geh erneut vor dem stehenden Pferd herum auf die andere, linke Schulterseite.
— Gehe an und laufe zurück auf die linke Hand. Auf dem dritten Hufschlag bleiben und auf dem Zirkel gehen. Ab jetzt erfolgen alle Zirkelübungen immer links vom Pferd laufend, auch beim Handwechsel.
— Zwei Runden Zirkel – Durch den Zirkel wechseln – zwei Runden Zirkel – Durch den Zirkel wechseln

Klarheit über Ziele und Richtung sind wichtige Faktoren bei der Freiarbeit.

Lenke Energie und Anstrengung in eine bestimmte Richtung.

- Ganze Bahn, weiterhin auf dem dritten Hufschlag, Mitte der langen Seite anhalten
- Wechsel der Führposition an die rechte Schulter deines Pferdes
- Führe dann dieselbe Zirkelübung auf der anderen Seite aus. Wieder bleibst du permanent rechts vom Pferd, obwohl ein Handwechsel stattfindet.
- Zwei Runden Zirkel – Durch den Zirkel wechseln – zwei Runden Zirkel – Durch den Zirkel wechseln
- Ganze Bahn, Mitte der langen Seite anhalten
- Wechsel der Führposition an die linke Schulter deines Pferdes
- Schlangenlinien durch die Bahn mit vier Bögen
- Ganze Bahn, weiterhin auf dem dritten Hufschlag und Mitte der langen Seite anhalten
- Wechsel der Führposition an die rechte Schulter deines Pferdes
- Schlangenlinien durch die Bahn mit vier Bögen
- Anhalten, Wechsel der Führposition an die linke Schulter des Pferdes
- Auf dem dritten Hufschlag antraben, zwei Runden auf dem Zirkel laufen
- Bei X durchparieren zum Halten, Wechsel der Führposition hinter dem Pferd, sodass du wieder an der rechten Schulter stehst
- Antraben und direkt aus dem Zirkel wechseln auf die rechte Hand
- Zwei Runden auf dem neuen Zirkel traben und bei X durchparieren

ERGEBNIS

Super, hole kurz Luft und realisiere, was passiert ist.

Fall eins: Dein Pferd ist auf Schritt und Tritt bei dir geblieben, hat jeden Übergang direkt und ohne Zögern ausgeführt und sich nicht mehr als eine Armlänge von dir entfernt, unabhängig von der Bande. Klasse, dann hast du zu deinem Pferd in einer sehr wichtigen Grundposition bereits eine großartige Verbindung. Das „Folgen“ sollte dementsprechend auch keine große Herausforderung für euch beide sein.

Fall zwei: Dein Pferd und du seid im Laufe der Übungen in zwei verschiedene Richtungen unterwegs gewesen. Dann wird es Zeit, das Führen richtig zu erlernen.

FÜHREN NEBEN DEM PFERD

Das Führen neben dem Pferd ist eine sehr entscheidende Übung für die weitere gymnastizierende Freiarbeit. Die eigentliche Gymnastizierung macht ja nur einen zeitlich begrenzten Teil aus, genau wie beim Reiten oder bei der Bodenarbeit. Man arbeitet vielleicht mehrere Minuten an einer bestimmten Sache, in einer bestimmten Haltung, daraufhin folgt eine Pause. Diese zwischenzeitlichen Pausen sind wichtig, und es liegt nahe, sie in einer Position zu verbringen, die Mensch und Pferd als Pausenhaltung ansehen: Der Reiter lässt den Zügel lang und das Pferd darf gemütlich ohne Erwartungshaltung gehen. Der Bodenarbeiter löst ebenfalls die Einwirkung der Hilfsmittel auf und läuft beispielsweise am durchhängenden Strick entspannt weiter. Doch was macht der Freiarbeiter?

In der Freiarbeit bedeutet eine Pause, dass sich Mensch und Pferd nicht mehr so konzentriert auf die freie Arbeit ausrichten. Das führt dazu, dass sich das Pferd mental und körperlich vom Menschen entfernt. Ein ständiges Auffordern, im Wirkungsbereich des Menschen zu bleiben, wäre wiederum keine Pause. Also gilt es, eine absolut sichere Basisführposition zu entwickeln, die ohne viel Mühe sowohl Trainings- als auch Pausenhaltung sein kann. Das ist die seitliche Führposition neben dem Pferd, die als „Alltagshaltung" beim Führen eines jeden

01

02

01 Es gilt der Grundsatz: „Mein Pferd geht zuerst an." Lass dein Pferd immer zuerst auf die Hilfe angehen ...

02 ... und laufe nicht voraus, um die seitliche Position zu halten.

TRAININGSTIPP

Bei der Freiarbeit ist die Körpersprache die Haupthilfe. Ich nenne das auch primäre Hilfe. Alle weiteren Hilfen sollen im Ideal zu dieser Hilfe führen. Wenn die Körpersprache allein nicht zum Ergebnis führt, werden die weiteren Möglichkeiten um Hilfe gefragt. Die Reihenfolge ist also: Körpersprache – Stimme – Gerte.

Pferdes zudem durch die folgenden Übungen deutlich verbessert wird:

— Stell dich neben dein Pferd, zwischen dessen Schulter und Kopf. Damit stehst du hinter dem Kopf des Pferdes und läufst seitlich neben seinem Körper.
— Achte darauf, dass deine Positionierung immer hinter dem Auge des Pferdes bleibt. Pferd und Mensch blicken in die gemeinsame Bewegungsrichtung.

— Richte deinen Körper in einer deutlichen Vorwärtsbewegung aus, indem du deinen Schwerpunkt leicht nach vorne verlagerst. Körpersprachlich muss das Vorwärts sowohl für das Pferd als auch für jeden Beobachter von außen eindeutig erkennbar sein, nur dann kannst du eine Reaktion erwarten.

Handhabung bei Verwendung von Gerte und Strick:

— Die rechte Hand hält das Seil und sortiert gleichmäßige Schlaufen.
— Die Gerte findet in der linken Hand ihren Platz und ist somit ohne jegliche Beeinträchtigung vom Seil zu führen. Das ist so gewünscht, denn bald wird kein Seil mehr benötigt.
— Achte auf den Abstand zum Pferd. Dieser sollte ungefähr eine halbe bis ganze Armlänge betragen.

Handhabung nur mit Gerte:

— Die linke Hand hält die Gerte. Damit wird ein sehr großer Bewegungsraum gewährleistet, in dem die Gerte geführt werden kann. Diese klaren und ungehinderten Bewegungen werden zur besseren Verdeutlichung von Informationen benötigt.
— Ein Gertenwechsel in die andere, rechte Hand ist z. B. bei einem Handwechsel oder einer Hilfe, die näher am Pferdekörper benötigt wird, problemlos möglich.

Die wichtigsten Grundübungen im Überblick

— Angehen
— Anhalten
— Rückwärtsrichten
— Wenden links
— Wenden rechts
— Wenden innen geführt
— Wenden außen geführt
— Wenden im Viereck

Alle Übungen erarbeitest du im Schritt und im Trab.

Wie ein Magnet sich verbinden können …

… um anziehend zu wirken. Doch Vorsicht! …

DER MAGNETEFFEKT

Ehe wir starten, möchte ich noch ein grundlegendes Werkzeug erklären: Jeder kennt die Wirkung eines Magnets. Ab einer bestimmten Nähe entsteht eine gegenseitige Anziehungskraft, ausgehend von den zwei magnetischen Teilen, bis sie am Ende miteinander verbunden sind. Genauso soll sich die Führarbeit auf die Verbindung zwischen Mensch und Pferd auswirken. Daher ist der Magneteffekt ein wichtiges Werkzeug der Freiarbeit und ermöglicht es, dass beide Partner eine dynamische und konzentrierte Aktivität sicher miteinander ausführen können.
Der Magneteffekt kann mit einigen Grundübungen entwickelt werden und tritt mit der Zeit immer deutlicher zutage. Du brauchst diese Anziehung für so ziemlich jede Wendung bei der Freiarbeit. Der Magneteffekt schult die Anziehung in die Position des Menschen hinein, gleichzeitig wollen wir kein Schubsen, Drängeln oder sonstiges unerwünschtes Verhalten (Abgrenzung). Durch verschiedene Übungen wollen wir diese Anziehung, den Magneteffekt, verbessern. Hier eine Vorübung:

Ausfallschritt auf den Freiarbeiter zu

— Bleib mit deinem Pferd an der langen Seite (zweiter Hufschlag) stehen.
— Du stehst links neben dem Pferd und hältst die Gerte in der linkenHand.
— Dein Strick, sofern du noch einen verwendest, hängt wie gewohnt durch und

01

02

01 Achte auf einen sicheren und einheitlichen Umgang mit den Hilfen.

02 Einheitliche Vorgehensweisen erleichtern das Verständnis.

03 Denk an die Magnetwirkung.

04 Probleme? Dann greif mal die Gerte und den Strick mit der anderen Hand.

... Nur zu schnell ist die Bindung verloren.

hat keinerlei Wirkung. Die Schlaufen des Stricks trägst du am besten in der rechten Hand.

— Stelle deine Füße parallel nah nebeneinander, sodass du problemlos einen Ausfallschritt nach links machen kannst.
— Die Gerte zeigt zur äußeren Schulter des Pferdes und soll dein Pferd durch eine Bewegung in Richtung Schulter dazu animieren, einen Schritt auf dich zuzugehen.
— Sobald du merkst, dass dein Pferd eine Idee hat von dem, was du vermitteln möchtest, mach mit deinem linken Bein einen großen Ausfallschritt nach links und lade das Pferd ein, auf dich zuzukommen.
— Achte darauf, dass ein seitlicher Schritt ausgeführt wird und kein Vorwärtsschritt. Es geht darum, dass dein Pferd mit seiner linken Schulter auf dich zusteuert. Ein großer Schritt nach vorne mit nur leicht seitlicher Tendenz ist nicht erwünscht, da sich bei dieser Bewegung der Abstand vergrößert und keine Anziehung erfolgt.
— **Tipp:** Es wird deinem Pferd leichter fallen, wenn es dabei nach innen schaut. Im Idealfall blickt es in deine Richtung, das ist gleichzeitig die Bewegungsrichtung. Warte auf den passenden Moment oder nutze geringfügig den Strick, um die Richtung vorzugeben.
— Am Ende der Übung sollen deine Füße wieder parallel nebeneinanderstehen und dein Pferd genauso nah neben dir platziert sein wie zuvor an der langen Seite. Die Brust deines Pferdes zeigt jetzt nicht mehr geradeaus entlang der ersten Hufschlaglinie, sondern ist deutlich nach innen Richtung Mittellinie ausgerichtet.
— Diese Übung muss auf beiden Körperseiten des Pferdes ausgeführt werden!

03

04

ANZIEHUNG UND ABGRENZUNG

Die Anziehung und die Abgrenzung sind wichtige Begriffe, die euch im Laufe der Freiarbeit immer wieder begegnen. Das erste Schlagwort ist „Anziehung": Das Pferd soll sich von seinem Menschen angezogen fühlen. Wir möchten gemeinsam durch die Welt schreiten. Nicht jedes Pferd sucht von allein ständig die absolute Nähe zu seinem Menschen, manche fordern eher Abstand ein. Die Führ- und Folgearbeit zielt darauf ab, genau diese Anziehung hervorzurufen und den instinktiven Gedanken der „Weite" in „Nähe" umzuwandeln. Das hört sich doch bis hierhin ganz einfach an, oder? Wenn da nicht im gleichen Zusammenhang noch der Begriff „Abgrenzung" wäre!

Wie kann sich etwas anziehen, wenn es sich zeitgleich abgrenzt? Um den Begriff „Abgrenzung" in der Praxis umzusetzen, muss ein gewisses Maß an Abstand zueinander aufgebaut werden. Mit Abstand ist aber nicht zwangsläufig ein Abstand gemeint, der mit einer definierten Meteranzahl zum Pferd gleichgesetzt wird. Abgrenzung erfordert, dass man offen und klar kommuniziert, was man bereit ist, in der Beziehung zum Pferd zu akzeptieren und was nicht.

Sichtbar gemachter Magnet

Dies kann die Ablehnung von unerwünschten Verhaltensweisen wie beispielsweise Schnappen, Beißen, Schubsen, Drängeln, Drücken oder Treiben sein.

Ebenso wie jeder Mensch gewisse Grenzen setzt und erwartet, dass diese respektiert werden, ist es wichtig, die Grenzen der Pferde in Bezug auf Nähe, Berührung etc. zu achten. Beide Partner haben eine „Privatsphäre", trotz der Nähe der Körper. Jeder hat seinen eigenen Bereich, in dem er sich störungsfrei bewegen darf. Dies fördert gegenseitigen Respekt und Verständnis.

Zwei praktische Beispiele verdeutlichen, wozu Abgrenzung gut ist:

1. Ein Pferd versucht während der gymnastizierenden Freiarbeit ständig, in die Gerte oder gar die Hand des Menschen zu beißen. Selbst wenn es nur ein Schnappen mit den Lippen ist, wird die gesamte Form und das Gleichgewicht des Pferdes gestört. Ein effektives, konzentriertes

Die Magnetwirkung ist die Fähigkeit, auf jede Distanz Aufmerksamkeit, Interesse oder Zustimmung zu erlangen.

Erarbeiten von Übungen ist so nicht möglich, und es ist erst recht nicht harmonisch anzusehen.

2. Möchte ich ein Pferd auf beispielsweise 40 Meter Abstand abrufen, sodass es im vollen Galopp auf mich zukommt, dann ist es wichtig, einen eindeutig definierten „Stopp" mit klar angezeigten Distanzbereichen zu kommunizieren. Hat keine Abgrenzung im Laufe des Trainings stattgefunden, wird meinem Pferd im Übermut das Bewusstsein für den zerbrechlichen Menschenkörper fehlen und es diesen unter Umständen gefährden.

Häufig werden diese Beispiele als Kavaliersdelikte abgetan und belächelt. Doch wenn in einer Beziehung Grenzen und Regeln fehlen, wird man nur schwer zueinander finden. Ein zentraler Aspekt der Abgrenzung ist die Fähigkeit, „Nein" zu sagen, ohne sich schuldig zu fühlen oder eine ausführliche Rechtfertigung zu geben.

ANGEHEN

Beginne im Schritt. Starte zunächst am Halfter oder Kappzaum mit Halfterring und Strick, wenn du oder dein Pferd noch keine Erfahrung in der Freiarbeit mitbringen. Laufe entlang der Bande, auf dem ersten Hufschlag, und achte darauf, dass ihr im gleichen Tempo geht. Die erste Herausforderung ist das gemeinsame Angehen und Anhalten – eine wichtige Übung, die volle Konzentration benötigt, denn es geht um das gemeinsame, scheinbar synchrone Miteinander. Ich beschreibe auch mögliche Fehler und wie du sie vielleicht beheben kannst. Wie immer gilt es, die Fehlerursache zu lokalisieren. Dies sind nur wenige Beispiele von vielen Möglichkeiten.

Beim Angehen möchten wir uns nicht unnötig verändern. Immer im Hinblick auf die eigentliche Absicht, bei der Freiarbeit zu gymnastizieren, sollten alle Hilfen mit so wenig Aufwand wie notwendig ausgeführt werden.

— Neige deinen Oberkörper leicht nach vorn, um damit den Körperschwerpunkt in die Bewegungsrichtung zu verlagern. In den meisten Situationen reicht diese leichte Veränderung bereits für ein gemeinsames Angehen aus.
— Dennoch sollte die Gertenhilfe bewusst zur körpersprachlichen Hilfe Verwendung finden und als eigenständige Hilfe verstanden und geschult werden. Sie zeigt seitlich neben dem Pferdekörper in Richtung Hinterhand. Achte darauf, dass dein Körper nicht verdreht oder verkrampft.
— Der Gertenarm kann bei Bedarf von vorn nach hinten bewegt werden, damit die treibende Intention noch stärker vermittelt wird.
— Die Stimmhilfe ergänzt das Angehen mit einem einheitlichen Begriff oder Laut.
— Achte darauf, dass dein Pferd zuerst angeht. Nur zu schnell kann es passieren, dass du als Freiarbeiter den ersten Schritt machst und bereits bei Schritt Nummer zwei aus der eigentlichen Position nach vorne läufst. Damit findet dein Angehen nicht mehr in der seitlichen Position statt, sondern wird automatisch in eine folgende Position umgewandelt, weil dein Pferd hinter deinem Rücken angeht.

FEHLERANALYSE UND PROBLEMLÖSUNG

→ *Nicht dein Pferd, sondern du bist der Erste, der angeht.*
Versuche, genauer auf deine eigenen Tätigkeiten zu achten. Bleib so lange stehen, bis sich dein Pferd zum Angehen animieren lässt. In der Regel ist es ein Zeitproblem. Der Mensch geht schneller an, als das Pferd reagieren kann. Lass deinem Pferd fünf Sekunden Zeit, bis es angeht, bevor du losläufst.

→ *Dein Pferd geht zu schnell an und du verlierst die seitliche Position.*
Vermeide es, auf einer geraden Linie anzugehen. Wende direkt auf einen Zirkel oder in eine Volte ab, um das engagierte Tempo über gebogene Linien zu drosseln.

→ *Du kommst mit deiner Position immer wieder neben das Auge oder sogar vor den Kopf deines Pferdes.*
Du bist zu schnell oder dein Pferd ist zu langsam. Bist du zu schnell, werde langsamer und passe dich dem Tempo deines Pferdes an. Ist dein Pferd zu langsam und fällt zurück, kannst du es über die gleiche Hilfe wie beim Angehen animieren, in das Arbeitstempo zurückzufinden.

ANHALTEN

Für das Anhalten musst du etwas umdenken, auch wenn bei dieser Übung ebenfalls ein Zusammenspiel der verschiedenen Hilfen benötigt wird. Die treibenden Hilfen werden in der Grundausbildung weggenommen und zum Vermitteln von verhaltenden Signalen verwendet. Ein gutes Anhalten verlangt ein hohes Maß an Aufmerksamkeit des Pferdes. Aber auch der Mensch sollte aufmerksam sein, damit er die Situation bereits im Vorfeld einschätzen kann. Es gibt Pferde, abhängig vom Typ und der Rasse, die bei jeder noch so kleinsten Information stoppen. Und das Gegenteil – die lauffreudigen Dauerläufer mit langem Bremsweg. Letzteres hat so seine Herausforderungen. Deshalb ist ein gut angekündigter Stopp entscheidend für ein gemeinsames Anhalten.

— Lehne deinen Oberkörper nach hinten. So verlagert sich dein eigener Schwerpunkt in Richtung Hinterhand des Pferdes, obwohl du dabei in die Bewegungsrichtung gedreht bleibst.

01

02

03

- Die Gerte geht aus der zuvor getragenen Position nach vorne und kommt in Richtung vor den Kopf. Am besten wird sie zu Beginn etwas auf- und abbewegt, vor dem Kopf des Pferdes, ohne diesen dabei zu berühren.
- Die Stimme gibt das passende Kommando zum Anhalten.
- Achte immer darauf, dass dein Pferd zuerst anhält. Steht der Mensch als erstes, ist das keine Garantie für einen sicheren Stopp, häufig ist sogar das Gegenteil der Fall: Ein zu frühes Anhalten im eigenen Körper lässt das Pferd ausweichen oder treibt es unbewusst weiter voran. Der außenstehende Betrachter sollte immer den Eindruck haben, dass Mensch und Pferd die Aktion nahezu gleichzeitig ausführen.

FEHLERANALYSE UND PROBLEMLÖSUNG

→ *Dein Pferd läuft über das geplante Stoppziel hinaus und kommt erst nach ein bis drei weiteren Schritten zum Stehen.* Bereite besser vor und reduziere vor der eigentlichen Stopphilfe das Tempo deines Pferdes. Achte auf Ohren und Augen deines Pferdes. Schnell wirst du erkennen, ob der Fokus auf deinen Übungen ist oder ob Stallgeräusche und andere Geschehnisse spannender sind.

01 Die Gerte zeigt seitlich neben dem Pferdekörper in Richtung Hinterhand. Optische Einwirkung kommt immer vor Berührung.

02 Eine seitliche Ausholbewegung hilft, die treibende Wirkung zu verdeutlichen. Die Gerte wird im Halbkreis nach hinten geführt.

03 Zum Anhalten kann die Gerte vor dem Kopf eine optische Schranke setzen.

MERKE
Das Angehen und Anhalten muss immer ohne Strick- und Halftereinwirkung ausgeführt werden. Jedes noch so kleine Zuppeln oder Annehmen am Strick führt dazu, dass es eine strickausgeführte Tätigkeit bleibt. Der Strick dient nur dem Kopf – und damit meine ich deinen Kopf und Geist. Strick und Halfter vermitteln dir das Gefühl von Sicherheit. Sie dienen aber nicht zur sicheren Lösung der gestellten Aufgaben.

004
Zum Film: Wenden im Viereck

→ *Dein Pferd geht trotz Stopphilfe weiter und kreist um dich herum.*
Versuche, deinen Stopp durch eine Volte von ca. 8 – 10 Metern einzuleiten. Führe die Volte bis fast zum Ende aus. Gib die Stopphilfe vor Erreichen des Hufschlags, das verdeutlicht deine Hilfe.

→ *Dein Pferd wird deutlich langsamer, hält aber nicht an.*
Führe mit der Gerte größere Bewegungen als zuvor aus. Es geht dabei um die Luftbewegungen und nicht um eine physisch einwirkende Hilfe. Kommt dein Pferd trotzdem nicht zum Stehen, kannst du mit deiner anderen Hand die Brust des Pferdes berühren. Durch den direkten Kontakt, der weiterhin frei von einer Strickeinwirkung ist, hilfst du deinem Pferd, den Stopp besser zu verstehen.

RÜCKWÄRTSRICHTEN

— Für die Rückwärtshilfe neigt sich der Oberkörper leicht nach hinten, um ein vorbereitendes Signal zu geben. Erst dann machst du die ersten Rückwärtsschritte, allerdings auf der Stelle, ohne dich dabei bereits rückwärtslaufend voranzubewegen. Warte einen kurzen Moment ab und beobachte die Reaktion des Pferdes.

— Die Gerte kann deine Körpersignale wieder unterstützen. Bewege sie von vorn in Richtung der Brust, um den Rückwärtsschritt einzufordern. Ähnlich wie beim Anhalten kann deine flach aufliegende Hand vor der Brust helfen, das Rückwärtsrichten besser zu vermitteln.

— Vergiss dein Stimmkommando nicht, das sich bitte immer vom Angehen unterscheiden sollte. Oft höre ich dasselbe Schnalzkommando für beide Anforderungen, das ergibt für das Pferd keinen Sinn.

WENDEN

Wenden gehört bei der Freiarbeit in abgegrenzten Arealen zu unserer ständigen Aufgabe und macht die Freiarbeit bereits in den Anfängen zu einer kleinen Herausforderung. Erinnere dich an den Schnelltest! Dort waren viele Wendungen gefragt – aus

01

01 Das Wenden ist grundlegender Bestandteil der Freiarbeit.

02 Jegliche Bahnfigur und jeder Richtungswechsel wird durch das Wenden bestimmt.

03 Idealerweise spiegelt das Pferd die Körperdrehung des Menschen und lässt sich führen.

gutem Grund. Erstens müssen wir immer spätestens dann wenden, wenn wir das Bahnende erreichen. Zweitens lebt jede Bahnfigur vom Wenden. Gymnastizierende Freiarbeit ohne Wenden würde nicht funktionieren. Daher muss das Wenden so selbstverständlich werden, dass du nicht mehr darüber nachdenken musst. Wir üben also:

— **Wenden links**
— **Wenden rechts**
— **Wenden von innen geführt**
— **Wenden von außen geführt**

Wenden von der Bande weg ist eine einfache und gleichzeitig schwierige Übung. Hast du das seitliche Führen mit Angehen und Anhalten gelernt, bist du in der Lage, entlang der Bande am ersten Hufschlag zu laufen.

Nehmen wir an, du führst das Pferd auf der linken Hand und willst nun im rechten Winkel nach links abwenden – z. B. Mitte der langen Seite bei E, um dann geradeaus auf B zuzugehen und dort wieder nach links zu wenden. Dein Pferd verlässt also den sicheren Hafen der Bande. Somit haben wir gleich zwei Herausforderungen: Erstens die Wendung an sich und zweitens keine leitende Bande mehr als Hilfestellung.

WENDEN IM VIERECK

Bei dieser Übung läufst du mit deinem Pferd eine imaginäre Viereckbahn von beispielsweise 10 × 10 Metern. Weil du schnell von einer Ecke zur anderen Ecke kommst, musst du ständig wenden. Das übt – doch nur durch Wiederholung wird sich die Qualität nicht verbessern. Dazu brauchen wir weitere Hilfen, um das Pferd besser im Einwirkungsbereich zu halten. Denke an den Magneteffekt! Ein regelmäßiges Anhalten vor der Ecke kann ins Training einbezogen werden. Hier erfolgt die Vorübung zum Magneteffekt von Seite 52, damit dein Pferd mit einem seitlichen Schritt auf dich zuwenden kann.

02

03

MERKE

Der Magneteffekt steht in direkter Verbindung mit jeglicher Wendung. Jedes Mal, wenn der Mensch sich in eine neue Bewegungsrichtung dreht, um zu wenden, wird sich der Abstand zum Pferd vergrößern. Nur wenn das Pferd gelernt hat, aufmerksam auf die Richtungsänderung zu reagieren und ebenfalls zu wenden, gehen beide in dieselbe Richtung.

01

WENDEN AUF DEN FREIARBEITER ZU

Wie beschrieben nehmen wir uns ein zirka 10 x 10 Meter großes Viereck vor. Dieses imaginäre Viereck kann in der Bahnmitte sein, sodass du mit deinem Pferd von Viertellinie zu Viertellinie läufst. Dabei musst du automatisch wenden, denn das Prinzip dieser Vierecklinie ist das immer wiederkehrende Durchlaufen einer Ecke.
Sobald deine Vorübung mit dem Ausfallschritt gut funktioniert, kannst du die gesamte Übung in der Bewegung ausführen. Entscheide selbst, ob du das Equipment wie Halfter, Strick oder Kappzaum noch nutzen möchtest oder bereits komplett frei arbeitest.

Ob mit oder ohne Equipment, so gehst du vor:

— Bleib zunächst vor jeder Ecke stehen! Damit trainierst du noch einmal den Stopp und im weiteren Verlauf das Angehen. Außerdem ist eine Wendung und der damit verbundene Magneteffekt um ein Vielfaches einfacher, wenn dein Pferd keinen großen Rückschub im Hinterbein zeigt. Steht es zuvor auf allen vier Füßen, genauso wie deine Vorübung ausgeführt wurde, kannst du den seitlichen Ausfallschritt wesentlich besser abrufen. Ein Überlaufen der Wendung wird damit eher vermieden.

— **Tipp:** Lass dir Zeit und setz dich nicht unter Druck. Es geht immer um eine qualitativ hochwertige Wendung und nicht um Quantität. Es ist nicht sinnvoll, so viele Ecken wie möglich in kürzester Zeit auszuführen, darunter leidet nur die Wendung und die Kommunikation zwischen dir und deinem Pferd. Ein zügiges und schnell aufeinanderfolgendes Wenden entsteht von ganz allein, wenn deine einzelne Wendung an Qualität gewinnt.

FEHLERANALYSE UND PROBLEMLÖSUNG

→ *Dein Pferd macht bei den Wendungen zu viele Vorwärtsschritte und es entsteht mehr Distanz zwischen euch beiden.*
Nachdem du zum Anhalten gekommen bist, erarbeite in aller Ruhe zwei bis vier Schritte Rückwärtsrichten. Das Rückwärts wird deinem Pferd helfen, sein

02

03

04

Körpergewicht vermehrt in Richtung seiner Hinterhand zu verlagern. Damit wird ein extremes Lehnen auf die Vorhand verringert und ein besseres Körpergefühl für die Wendung vermittelt. Umso weniger Last auf den Vorderfüßen liegt, desto besser kann ein seitlicher Ausfallschritt ausgeführt werden.

01 Im Viereck kannst du entscheiden, wie häufig die Ecken aufeinander folgen.

02 Um so kürzer die lange Seite, desto schneller kommt die nächste Ecke.

03 An der langen Seite sollte der Magneteffekt funktionieren, bevor bei der nächsten Ecke wieder gewendet wird.

04 Die führende Hand kündigt die Wendung an.

TRAININGSTIPP

Bei Wendungen von dir weg kommt es schnell zu einem Verlust der Verbindung. Stell dir wieder zwei Magnete vor! Ziehst du die beiden aneinanderhaftenden Magnete langsam auseinander, kannst du die Anziehung bis zu einer ganz bestimmten Distanz noch spüren. Hast du diese erreicht, besteht keine Anziehung mehr und die Magnete lassen sich ganz einfach voneinander trennen. Genauso verhält es sich in puncto Wenden mit deinem Pferd. Auch wenn das Risiko immer besteht: Hier driften Pferd und Mensch häufiger auseinander als bei anderen Übungen. In diesem Fall besinne dich immer auf deine ursprüngliche Eingangsübung zurück. Halte sofort an, wenn sich das Pferd aus deinem Wirkungsbereich entfernt, und hole es zurück an die gewünschte Position. Gelingt dir das zunehmend besser, wird das Anhalten nicht mehr benötigt und du kannst in der Bewegung bleiben. Ab diesem Moment kannst du während der Vorwärtsbewegung jederzeit positiv auf den Abstand einwirken.

WENDEN VOM FREIARBEITER WEG

Um den Magneteffekt auf beiden Seiten im vollen Umfang auszubilden, müssen wir sowohl auf uns zu als auch von uns weg wenden können. Das ist sehr wichtig, damit wir nicht bei jedem Handwechsel gleichzeitig einen Positionswechsel vornehmen müssen. Dieses Training ermöglicht uns beispielsweise, neben der linken Körperhälfte des Pferdes zu stehen und trotzdem auf beiden Händen zu arbeiten.

Zunächst bleiben wir auf unserer imaginären Viereckslinie, um das Wenden von uns weg zu trainieren. Im folgenden Beispiel stehe ich links von meinem Pferd Aramis und möchte eine Wendung nach rechts einleiten. Durch die gedachte Vierecklinie kommt es zu wiederkehrenden Wendungen nach rechts. Zwischen den Wendungen erfolgt ein Moment geradeaus, um das Tempo und die allgemeine Verständigung zu überprüfen.

Am Anfang ist eine Berührung an der Wange hilfreich.

Mit etwas Übung reicht das Anzeigen der Richtung.

01

01 Nutze die Wirkung der Gerte für eine sichere Verbindung.

02 Während die eigene Körpersprache die Wendung von außen einleitet, kann die Gerte auf der gegenüberliegenden Seite innen die Schulter kontrollieren.

03 Positioniere dich vor der Schulter. Bei Schwierigkeiten kannst du bis neben die Wange deines Pferdes vorrücken.

Bei dieser Art der Wendung kommt es leicht zu Missverständnissen:

— Der Mensch läuft gegen das Pferd und kollidiert, weil zu schnell in die neue Bewegungsrichtung eingedreht wurde.
— Der Mensch wird im Verhältnis zum Pferd zu langsam. Das Pferd hat bei dieser Art der Wendung den kürzeren Weg als der Freiarbeiter, unsere Strecke ist länger, weil wir um die Kurve wenden.

Um diese Missverständnisse zu vermeiden, empfiehlt es sich, kurz vor dem Wendepunkt ein bis zwei größere Schritte zu machen. So rücken wir etwas nach vorn und unser Körper kommt ungefähr neben die Wange des Pferdes. Das kann sehr hilfreich sein, damit wir nicht hinter die Bewegung des Pferdes fallen und somit die Einwirkung verlieren.

Außerdem ist es in dieser Positionierung möglich, das Pferd mit der Hand direkt an der Wange zu berühren und seinen Kopf, bezogen auf die Blickrichtung, in die neue Bewegungsrichtung hineinzuführen. Dies erleichtert das Kommunizieren der Wendung nach rechts um ein Vielfaches. Verwende eine führende Hand (die ohne Gerte) zum Anzeigen bevorstehender Aktionen. Zeige mit deinem Finger im Vorfeld dahin, wohin du gerne wenden möchtest, dann bekommt dein Pferd die Aufmerksamkeit, die es braucht, um besser in die Kurve zu gehen. So bereitest du die Wendung optimal vor.

02

03

ABWECHSLUNG

Bei der Freiarbeit empfiehlt es sich immer, etwas Schwung in die Reithalle zu bringen. Hast du deine Übung zum Beispiel auf der linken Hand erfolgreich absolviert, ist es Zeit für einen Handwechsel, um auf der rechten Seite zu arbeiten. Doch ein einfacher Handwechsel reicht nicht aus, um Abwechslung zu schaffen. Viel besser wird es sein, wenn du zwischendurch etwas ganz anderes machst. Beispielsweise könntest du zurück zum Hufschlag, ganze Bahn laufen und ein paar Übergänge zwischen den Gangarten und innerhalb einer Gangart ausführen. Wir haben bereits über das Anhalten und Angehen gesprochen. Üben, üben und üben sind die Erfolgsrezepte für sicheres Kommunizieren.
Folgende Übergänge bieten sich hervorragend an, um Abwechslung, Konzentration und Spaß beim Training sicherzustellen:
— **vom Schritt zum Halt**
— **vom Halt zum Schritt**
Bringe aber auch gerne die anderen Gangarten mit ins Spiel: Wir wollen uns verbessern in der Kommunikation, dazu zählt auch das Entwickeln von verschiedenen Bewegungsabläufen in unterschiedlichen Gängen. Eine Möglichkeit wären Übergänge vom
— **Schritt zum Trab**
— **Trab zum Schritt**
— **Trab zum Stopp**
— **Stopp zum Trab**

Übe immer auch Tempowechsel innerhalb einer Gangart, zum Beispiel vom langsamen Trab in einen schnelleren. Tempowechsel bei der Freiarbeit erfordern eine gute Balance und Koordination auf beiden Seiten sowie ein feines Gefühl für die richtige Dosierung der Hilfen. Es ist sehr wichtig, das Tempo kontrollieren zu können, um dein Pferd auf der jeweiligen Position zu halten oder, im Umkehrschluss, dich auf deiner Position zu sichern.

TRAININGSTIPP
Um die Konzentration auf beiden Seiten sicherzustellen, solltest du nicht zu lange und ehrgeizig an derselben Übung arbeiten. Vermeide Langeweile, Frust oder Erschöpfung!

Ein Verkürzen und Verlängern der Schritte, Tritte und Sprünge ist im späteren Ausbildungsverlauf ein wichtiger Schlüssel zur Versammlung. Es schafft nicht nur eine Überprüfung und Verbesserung deiner vermittelnden Absicht, sondern es belebt, macht dein Pferd wach, aufmerksam und legt den Fokus auf dich. Die Fähigkeit, schnelle und präzise Tempi-Unterschiede umzusetzen, zeigt eine hohe Reaktionsfähigkeit und Ausführbereitschaft bei deinem Pferd. Sie reflektiert auch die Qualität der Freiarbeiter-Hilfen, die du bisher entwickelt hast, und das Verständnis des Pferdes für diese Signale.
So gehst du vor:
— Jeder Übergang in eine niedrigere oder auch höhere Gangart sollte mit den drei

Energie aufbauen

Grundhilfen ausgeführt werden: Körpersprache, stimmliche Kommandos und Einsatz der Gerte.

— Bei einem Zulegen oder einem Wechsel in eine höhere Gangart verlagert sich dein Körperschwerpunkt nach vorne. Es folgt das Stimmkommando, welches du für den Trab oder für das Beschleunigen einer Gangart gewählt hast. Die Gerte wird dabei immer in die treibende Position geführt (in Richtung Hinterhand des Pferdes). Das Strecken des Gertenarms, parallel zum Pferdekörper, ist ein wichtiger Bestandteil des korrekten Treibens.

— Das Anhalten erfolgt immer gleich, unabhängig davon, ob du aus dem Schritt, Trab oder aus dem Galopp anhalten möchtest. Du musst nur berücksichtigen, dass aus einer höheren, schnelleren Gangart das Anhalten eventuell noch mehr vorbereitet werden muss als aus einer ruhigen Gangart. Das Stimmkommando zum Anhalten sollte aus allen Gangarten immer dasselbe sein.

— Der Oberkörper und der damit verbundene Schwerpunkt verlagern sich beim Reduzieren eines Ganges oder eines Tempos immer nach hinten. So zeigst du genau das Gegenteil von Beschleunigen an.

— Achte bei den Gertenhilfen auf Feinheiten. So unterscheidet sich der Stopp klar von einem Reduzieren des Tempos. Beachtest du das nicht, kommt es schnell zu Verwirrungen und das Pferd hält an, statt das Tempo zu verringern. Möchte ich beispielsweise die Schritte verkürzen, empfiehlt es sich, die Gerte nicht direkt vor den Kopf zu nehmen, sondern lieber etwas tiefer (ungefähr auf Brusthöhe), sofern die Gerte überhaupt Verwendung finden muss.

MERKE
Die Arbeit an Tempi-Unterschieden verbessert die physische Kondition, Balance und Geschmeidigkeit, und das im doppelten Sinne, da sich der Mensch meistens mitbewegen muss. Sie fördert gleichzeitig eine enge und aufmerksame Verständigung zwischen Reiter und Pferd.

Oberkörper vorlehnen zum Antraben

Oberkörper zurücklehnen zum Anhalten

FOLGEN VOR DEM PFERD

005
Zum Film: Führen in verschiedenen Positionen

Nicht ohne Grund bezeichne ich den ersten Ausbildungsabschnitt als Führ- und Folgearbeit. Natürlich folgt das Pferd auch beim seitlichen Führen in jegliche Wendung oder jegliche Richtung hinein. Doch es gibt zwei weitere Möglichkeiten, wie das Pferd dir „folgen" kann:

1. Du läufst rückwärts vor dem Pferd her und schaust es an. Dadurch hast du den gesamten Überblick über sein Tun. Das ist sehr interessant für die gymnastizierende Freiarbeit, weil wir durch unsere Augen ein direktes Feedback über die Ausführung erhalten. Schnell lässt sich überprüfen, ob beispielsweise die Stellung und Biegung, das Untertreten oder generell die Lektion richtig ausgeführt wird.
2. Eine weitere Möglichkeit des Folgens ist das Hinterherlaufen. Dabei folgt dir dein Pferd nach, während du vorausläufst. Ein genaues Beobachten ist dabei nur schlecht möglich, dementsprechend findet diese Variante des Folgens nicht so viel Verwendung bei der gymnastizierenden Arbeit. Sie ist aber eine ideale Möglichkeit, um einen Handwechsel oder einen Wechsel der seitlichen Position zu bewirken. Auch nutzen wir diese Art des Folgens bei einer Pause oder um körpersprachliche Signale zu reduzieren.

Wir beginnen mit dem Folgen in der rückwärts laufenden Frontalposition. Das spielt eine wichtige Rolle bei der Ausbildung der weiteren Hilfen und der anfänglichen gymnastizierenden Freiarbeit. Auch hier kannst du zu Beginn mit Equipment arbeiten, wenn du dich damit sicherer fühlst.

Beginne die Übungsreihe wie folgt:

— Wende in der seitlichen Führposition im Schritt von der langen Seite ab in Richtung Mittellinie und bleib dort mit deinem Pferd stehen.

— Jetzt kannst du in Ruhe deine Position neben dem Pferd verlassen und dich vor seinen Kopf stellen. Schon dieser recht einfach klingende Wechsel vor den Kopf kann für den einen oder anderen eine Herausforderung sein. Hast du zuvor durch die seitliche Führarbeit an der Aufmerksamkeit deines Pferdes gearbeitet, so wird nun im Idealfall jede deiner Bewegungen eine Reaktion auslösen. Veranlasst deine Absicht, in die Frontalposition zu wechseln, schon ein Angehen im Schritt, dann vermittle zum besseren Verständnis eine erneute Stopphilfe, während du in die Frontalhaltung wechselst.

Das Pferd folgt dem Menschen.

- Damit sich jeder frei bewegen kann und nicht eingeengt fühlt, empfehle ich ca. eine Armlänge Abstand zum Kopf.
- Achte beim Ausrichten deines Körpers darauf, dass du genau frontal vor dem Pferd stehst und nicht seitlich neben ihm. Du möchtest im Anschluss ein spurtreues Folgen entwickeln, daher muss die Ausgangshaltung unbedingt korrekt sein.
- Um das Folgen in Bewegung zu üben, müssen wir uns erst einmal in irgendeiner Gangart fortbewegen. Ich empfehle, im Schritt anzufangen. Hier bleibt Mensch und Pferd genügend Zeit für die Umsetzung.
- Beim Angehen werden die Hilfen ähnlich ausgeführt wie in der seitlichen Position, zumindest was Stimmkommando und Gerte betrifft. Die eigene körpersprachliche Ausrichtung ist dagegen spiegelverkehrt. Daher lehnst du deinen Oberkörper beim Angehen nicht nach vorne. Die Bewegungsrichtung deines Pferdes ist in der Frontalposition auf dich zugerichtet, du musst also den Oberkörper eher etwas nach hinten lehnen, sodass er sich vom Pferdekopf entfernt.
- Das sind die Hilfen zum Angehen: Als Erstes lehnst du den Oberkörper leicht zurück. Zeitgleich kann das Stimmkommando erfolgen, dann erst die Gertenunterstützung. Das ist sehr wichtig, weil die Körpersprache unter Umständen ein Angehen untersagt.
  Optisch gesehen muss das Pferd etwas Platz bekommen, damit es angehen kann, ohne dich anzurempeln.

Das Pferd folgt durch Hinterherlaufen und kann zu jeder Zeit in die seitliche Führposition geleitet werden.

- Nach dem Angehen im Schritt folgt bereits die nächste Herausforderung: Wir entwickeln das spurtreue Folgen, bei dem immer der gleiche Abstand eingehalten wird. Das hört sich leicht an, ist aber schwierig umzusetzen. Die meisten Pferde haben eine natürliche Neigung, etwas rechts oder links versetzt zum Menschen zu laufen. Je nach Pferdetyp ist es auch nicht immer leicht, den gleichen Abstand beizubehalten. Während das eine Pferd ein übereiltes Tempo geht, neigt ein anderer Pferdeschüler eher dazu, seine Bewegungen gedrosselt und langsam auszuführen.
- Alle Übungen wie Angehen, Anhalten und auch Tempokontrolle, die wir bereits in der seitlichen Führarbeit absolviert haben, werden auch in der Frontalposition zu einer besseren Verständigung führen.
- Um auf das Tempo einzuwirken, kann sich die Gerte vor die Brust bewegen und die gewünschte Absicht deutlicher zum Ausdruck bringen. Doch zuvor müssen alle zur Verfügung stehenden Hilfen in der richtigen Reihenfolge eingesetzt werden. Damit meine ich: leichtes Vorlehnen im Oberkörper zum Begrenzen des Raums und damit der Schrittlänge sowie eine beruhigende Stimmhilfe, um die Schritte zu verkürzen.
- Der Stopp ist wie immer eine essenzielle Übung und trägt ebenfalls zur besseren Temporegulation bei. Es ist sinnvoll, zu Beginn jeglichen Stopp mit einem Reduzieren der Schrittlänge einzuleiten. Umso schneller das Pferd sich vorwärtsbewegt, desto schwieriger ist zu Anfang das Anhalten. Beim Stopp kommt neben der Körpersprache und einem einheitlichen Kommando auch eine leichte Berührung mit der Gertenspitze an der Brust zum Einsatz. Diese Berührung ist keine Strafe oder Sonstiges, sondern vielmehr ein Hinweis auf das Beenden der Bewegung.

01

02

03

FEHLERANALYSE UND PROBLEMLÖSUNG

→ *Die erste Herausforderung für das Pferd ist ein ruhiges Stehenbleiben im gleichen Abstand zu dir.*

Bleib konzentriert und aufmerksam und halte alle Hilfen bereit. Nicht jedes Pferd steht gerne vor dem Menschen mit dieser direkten Nähe zum Kopf, ein Angehen und Herauslaufen aus dieser Situation passiert schnell. Um dann richtig und direkt reagieren zu können, solltest du deine Hilfen immer „bereithalten". Bleib aufrecht stehen und senke die Gertenspitze vor den Hufen deines Pferdes in Richtung Boden ab. Aus dieser Ausgangslage kannst du jederzeit die Gerte seitlich oder vor die Brust halten, um Ausfallschritte oder ungewünschtes Angehen mit der Gesamtheit aller Hilfen zu korrigieren.

→ *Bereits beim Angehen kann es zu Missverständnissen kommen.*

Gehst du motiviert und aktiv los, dein Pferd schaut dich aber nur fragend an, ohne zu folgen, dann musst du die treibende Hilfe für das Angehen besser erklären: Reicht das Zurücklehnen im Oberkörper und das damit verbundene optische „Platz machen" vor dem Pferdekopf nicht aus, so kannst du versuchen, die Gerte durch eine Halbkreisbewegung nach hinten in Richtung Hinterhand zu bewegen. Häufig verursacht eine Gertenbewegung direkt neben dem Körper des Pferdes ein Ausweichen aus der gewünschten Spur oder ein Verlangsamen des Tempos bis hin zur Unsicherheit, ob überhaupt ein Angehen erwünscht ist. Dann empfehle ich eine längere Gerte mit einem Bogen am Ende, um die treibende Hilfe hinter der Kruppe einwirken zu lassen (statt seitlich neben der Schulter oder dem Bauch). Eine Bogenpeitsche ist ideal, um anfängliche Missverständnisse bezüglich der treibenden Richtung zu vermeiden.

01 Du kannst dein Pferd auch von der seitlichen Führposition einladen, dir zu folgen.

02 Ein Ausfallschritt vom Pferd weg bietet den notwendigen Platz.

03 Die Gerte wirkt als Stopp und abwendende Hilfe gleichzeitig.

04 Wenn alles klappt, folgt dein Pferd dir, ohne dass du dich vor seinen Kopf stellen musstest.

04

Durch häufiges Anhalten …

… gefolgt von einem erneuten Angehen …

— Folgt dir dein Pferd nicht richtig und verlässt immer wieder deine Laufspur, indem es versucht, seitlich auszuweichen, kann ein „Suchspiel“ dir beim Vermitteln deiner Absicht helfen: Sobald ihr getrennte Wege geht, läufst du in die entgegengesetzte Richtung wie dein Pferd. Ein Beispiel: Dein Pferd bricht von dir aus gesehen seitlich nach links aus der gedachten Hufschlaglinie aus. Du läufst daraufhin im rechten Winkel nach rechts und machst so auf deine Folgeabsicht aufmerksam. Hast du noch einen Strick dabei, kannst du diesen geringfügig zur Richtungsbestimmung verwenden. Sobald du ohne den Strick arbeitest, kann dich das Mitführen von zwei gleich großen Gerten ebenfalls unterstützen. Die Gerten kannst du wie einen Trichter links und rechts neben dem Pferd auf Schulterhöhe ausrichten und es so in der Spur halten. Diese Variante wird ebenfalls behilflich sein, die Balance bei der gymnastizierenden Arbeit zu verbessern.

… wird das frontale Folgen verbessert.

☞ DAS SUCHSPIEL

01

01 Wer sucht, der findet. Durch ein häufiges Wegwenden von deinem Pferd…

02 … kannst du das Interesse deines Pferdes wecken und seinen Fokus erreichen.

03 Bewege dich so oft weg wie notwendig, um ein gerades Hinter-dir-Herfolgen zu erreichen.

04 Eine gemeinsame Spur ist dein Ziel.

05 Eine zweite Gerte kann das seitliche Ausweichen verhindern.

02

03

04

05

DAS ARBEITSTEMPO

Ein zentrales Problem bei der frontalen Freiarbeitsposition ist das Bestimmen des richtigen Arbeitstempos. Ein zu ambitioniertes, schnelles Tempo verhindert eine sinnvolle Gymnastik und bringt häufig Unruhe und Verspannung mit sich. Es behindert auch die Einwirkung des Freiarbeiters, da dieser sich in seinem Arbeitsumfeld bedrängt und somit eingeschränkt in der Hilfengebung fühlt.
Die Ursache liegt häufig in der Wahrnehmung der eigenen Geschwindigkeit. Oft ist es der Mensch, der zu langsam läuft, und nicht das Pferd, das ein zu hohes Tempo hat. Achte also stets auf ein zügiges Grundtempo, das sich nicht verändert.
Besonders beim Rückwärtslaufen hat man wenig Gefühl für die richtige Geschwindigkeit – das ist auch leicht zu erklären, denn kaum jemand läuft im Alltag rückwärts durchs Leben. Ein Freiarbeiter, besonders mit gymnastizierenden Absichten, wird das Rückwärtslaufen schätzen lernen. Doch zunächst muss er für sich ein gutes Rückwärts trainieren.
Liegt die Ursache nicht im eigenen Laufen, muss das richtige Arbeitstempo auf Seiten des Pferdes verstanden werden. Woher soll dein Pferd auch wissen, in welcher Geschwindigkeit du dich gerne voran bewegen möchtest? Tempokontroll-Übungen spielen dabei eine wichtige Rolle. Achtung: Nicht jedes Verlangsamen ist zielführend. Ich empfehle dir, bei einem zu hohem Grundtempo zum Anhalten durchzuparieren. Gehe danach erneut an, nur wenige Schritte, und stoppe dann wieder. Wiederholst du diese Übung einige Male, schaffst du eine erhöhte Aufmerksamkeit für deine Ideen und verbesserst das Grundtempo, den einzuhaltenden Abstand und die Reaktion auf deine Tempokontrollhilfe. Wenn du zusätzlich das Rückwärtsrichten in regelmäßigen Abständen ergänzt, trainierst du alle zuvor beschriebenen Aufgaben hintereinander und verbesserst deine Freiarbeit um ein Vielfaches.

TRAININGSTIPP

Rückwärtslaufen kann auch ohne Pferd geübt werden. Das schult das Gefühl, zum Beispiel für die eigene Geschwindigkeit.

01

SYNCHRONES ANHALTEN

Eine weitere Herausforderung ist das zeitgleiche, synchrone Anhalten. Oftmals entwickelt es sich wie folgt: Dein Pferd kommt viel zu spät zum Anhalten, obwohl du bereits stehst und deiner Meinung nach die Stopphilfen vermittelt hast. Durch ein Reinlaufen, Schubsen oder Drängeln in deinen Bereich entsteht eine unangenehme Situation. Prüfe als Erstes deine Hilfengebung! Nicht immer ist das Pferd schuld, wenn ein zu spätes Anhalten stattfindet. Deshalb erkläre ich auch nicht die Korrekturhilfe für

2

03

01 Eine geeignete Übungsreihe ist beispielsweise das Traben …

02 … mit darauffolgendem Stopp …

03 … und dem Rückwärtsrichten.

das Pferd, sondern immer erst die Korrektur des Menschen.

Das Anhalten wird oft nicht verstanden, weil das Zusammenspiel der Hilfen nicht korrekt ist. Stell dir das Ganze so vor: Wenn du die Absicht hast, in der nächsten Sekunde anzuhalten, dann sendet dein Hirn alle Informationen an deinen Körper, die er braucht. Am Ende stehst du, doch das bedeutet nicht, dass diese Information auch an das Pferd weitergeleitet wurde. Oft erfolgt das eigene Anhalten so blitzartig, dass das Gegenüber gar keine Chance hatte, ein Stoppen auszuführen. Deshalb gehe wie folgt vor, um den Halt zu verbessern:

— Reduziere erst das Tempo, indem du die Gerte in Richtung der Brust deines Pferdes ausrichtest.
— Richte dich im Gesamten vermehrt auf und versuche, temporeduzierend zu wirken.
— Deine Stimme ist ein wichtiges Hilfsmittel, um zunächst das Tempo zu verlangsamen. Sei dir bewusst, dass zwischen stimmlicher Verlangsamung und dem Stoppkommando immer gleichbleibend klar unterschieden werden muss.
— Nimm dich selbst etwas zurück, werde langsamer und beobachte dabei dein Pferd. Überprüfe, ob es auch wirklich deine Intention teilt oder ob fälschlicherweise der Distanzbereich zwischen dir und deinem Pferd nicht konstant bleibt. Im Idealfall wird dein Pferd langsamer, aufmerksamer und denkt schon über einen Stopp nach. Nun folgt das Wichtigste! Nicht du, sondern dein Pferd sollte als Erstes stehen bleiben.
— Versuche, aufmerksam auf deine Füße zu achten. Sobald du an „Stopp“ denkst, wollen deine Füße auch einen Stopp ausführen. Das klingt lustig, ist in der Praxis jedoch eine Herausforderung für die meisten. Körperbewusstsein für sein eigenes Handeln erfordert Training. Warte ab, bis alle vier Hufe am Boden zum Anhalten kommen. Erst dann sollten deine Füße zum Stillstand gelangen. Diese Art des Anhaltens wird für den Außenbetrachter so aussehen, als ob Pferd und Mensch synchron stehenbleiben. Nur in deinem inneren Empfinden erscheint es zeitlich getrennt.

DER WECHSEL

Mit dem Begriff „Wechsel" beziehe ich mich zum einen auf die Änderung einer Richtung oder der Bahnhand, auf der gearbeitet wird, zum anderen aber auch auf den Wechsel der Position des Freiarbeiters am Pferd.
Der Handwechsel ist ein wichtiger Bestandteil der gymnastizierenden Freiarbeit. Er trägt dazu bei, das Pferd auf beiden Seiten zu arbeiten und zu schulen und unterstützt die symmetrische Entwicklung der Muskulatur des Pferdes, sofern das Pferd nicht bewusst auf einer Seite mehr gearbeitet werden soll als auf der anderen. Zudem verbessert er die Reaktionsfähigkeit auf die Hilfen des Freiarbeiters. In der Freiarbeit kommen alle Arten eines Handwechsels, wie sie beim Reiten ausgeführt werden, zum Einsatz. Das setzt ein sicheres Kommunizieren voraus und ein erweitertes Hilfensystem, als ich es bis zum jetzigen Zeitpunkt angesprochen habe. Wichtig ist aber auch der Wechsel der Position. Ein Freiarbeiter sollte in verschiedenen Positionen arbeiten können. Dabei muss der Wechsel immer fließend und störungsfrei bezogen auf die auszuführende Bewegung des Pferdes stattfinden. Diese Art der „Wechsel" ermöglicht es dem Ausbilder, zur richtigen Zeit auf der richtigen Position zu stehen, um sein Pferd zu unterstützen. Ein weiterer praktischer Aspekt ist das Wechseln in eine Komforthaltung für den Menschen. Wenn beispielsweise die Schrittarbeit beendet werden soll und das Training im Galopp weitergeht, kann es, je nach Fitness des Menschen, sinnvoll sein, seine Haltung gegenüber dem Pferd zu verändern. So wird es zu Beginn der Ausbildung nicht jedem Freiarbeiter auf Anhieb gelingen, rückwärts vor dem Pferd her zu galoppieren.

Diese Bilder zeigen die ersten Teilabschnitte eines Handwechsels, …

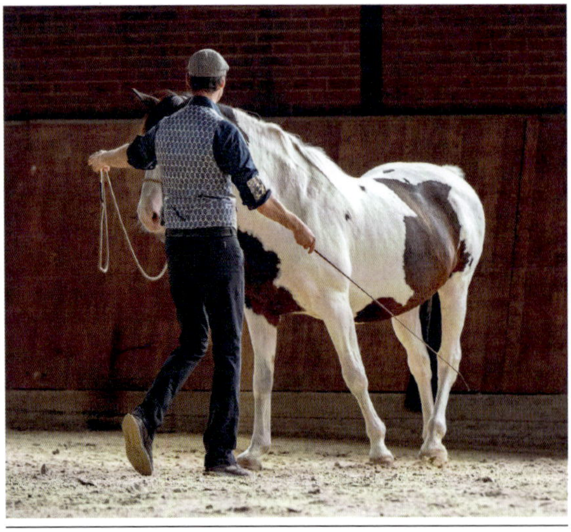

01

02

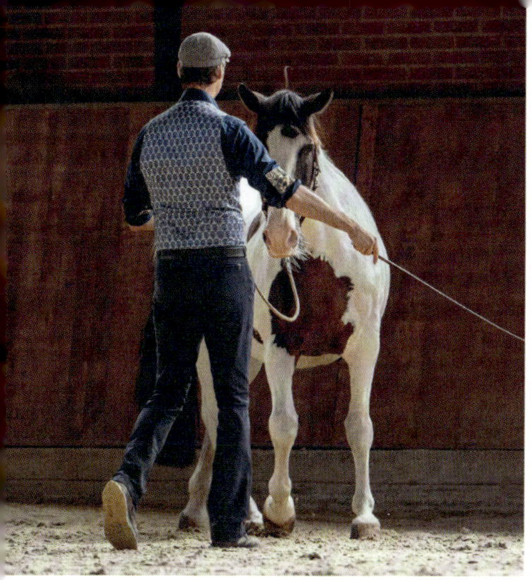

... vom Stopp am Hufschlag bis zum einladenden Ausfallschritt ...

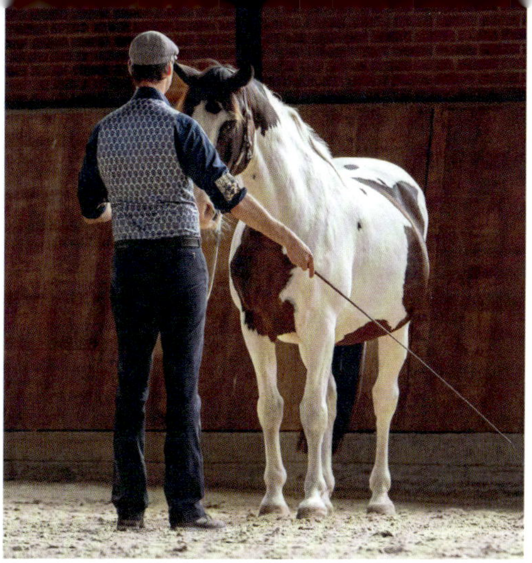

... und erneutem Stopp. Nutze das Stehen, um dich zu koordinieren.

DER HANDWECHSEL FRONTAL MIT EQUIPMENT

Der Handwechsel vor dem Pferdekopf ist die gängige Variante, um auf der anderen Hand weiterzuarbeiten. Ohne dabei die Bewegung des Pferdes zu unterbrechen, kannst du diesen Wechsel aus verschiedenen Führhaltungen einleiten. Ich empfehle dir, den Handwechsel zu Beginn in kleine Teilabschnitte zu gliedern. Damit kannst du Missverständnisse besser vermeiden und die einzelnen Bausteine schrittweise zusammenfügen.

Wir schauen uns ein Beispiel an, in dem Mensch und Pferd auf der rechten Hand sind. Beginne mit Equipment.

- Schritt eins ist das Anhalten am Hufschlag. Auch beim Handwechsel ist es zu Beginn sinnvoll, ohne Rückschub aus der Hinterhand zu arbeiten.
- Dann folgt das „Einladen". Durch einen Ausfallschritt wird der gesamte eigene Körper gedreht, sodass der Bauch zum Kopf des Pferdes zeigt. Um das Einladen richtig auszuführen, musst du dich rückwärtslaufend vom Pferd entfernen.

03

01
Sortiere dich für die nächsten Teilabschnitte, zeige die neue Richtung an und treibe vorwärts.

02 – 03
Es geht weiter im Schritt. Laufe zunächst ein paar Schritte rückwärts, bevor du dich in die neue Bewegungsrichtung drehst.

Übe jetzt ohne Equipment.

Bleib deinen Hilfen treu und ändere nicht die Herangehensweise.

- Um deine Hilfsmittel besser verwenden zu können, sollte der Führstrick in der linken Hand gehalten werden. Damit befindet sich die Gerte in der rechten Hand und kann das frontale Wenden, auf den Freiarbeiter zu, unterstützen.
- Sobald sich die Stirn deines Pferdes gerade vor deinem Körper befindet, parierst du zum Anhalten. Der erneute Stopp dient zur besseren Koordination der einzelnen Bewegungsabläufe, die recht schnell aufeinander folgen. Das Anhalten und damit verbundene ruhige Stehen vermeiden einen übereilten Wechsel auf die andere Seite.
- Zeige dann deinem Pferd die neue Richtung bereits an, indem du deinen linken Arm als führende Hand verwendest und nach links zeigst.
- Jetzt geht es wieder zurück in die Schrittbewegung. Treibe vorwärts, ihr bewegt

Zeige die neue Richtung an …

Laufe noch wenige Schritte rückwärts, …

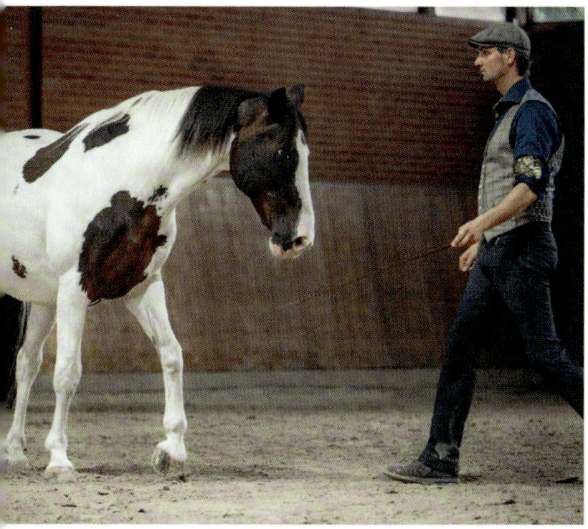

Dann wird das Folgen sicher klappen.

euch gemeinsam in die neue Richtung. Dein Pferd läuft vorwärts, während du dich selbst noch rückwärtslaufend auf einer gerader Linie im Schritt bewegst.

— Deine Gerte zeigt in die Richtung der linken Pferdeschulter und lässt zusammen mit der führenden Hand das Pferd nach links (aus deiner Sicht) aus dem Folgen in die Hufschlagspur neben dir wechseln.

... bevor du dich ins Vorwärts drehst.

— Nun läuft dein Pferd bereits in die neue Bewegungsrichtung. Achte selbst darauf, so lange rückwärts weiter zu laufen, bis dein Pferd sich deutlich nach links versetzt hat.

— Erst jetzt drehst du selbst in die neue Bewegungsrichtung und arbeitest damit auf der neuen Hand, vorwärts laufend, in der seitlichen Führposition weiter.

DAS EINLADEN OHNE HILFSMITTEL

Sobald die Abläufe gut funktionieren, heißt es: „Halfter ab“, und los geht es mit dem freien Wechsel. Mach nicht alles auf einmal, sondern konzentriere dich zunächst auf das Einladen. Das ist nicht nur für den Handwechsel von großer Bedeutung, sondern auch bei jedem Zuruf im Falle, dass dein Pferd von dir wegläuft.

— Beginne wieder aus dem Stehen und erst danach fließend aus der Bewegung .

— Es geht dir bei dieser Übung nur um das Einladen. Deshalb lobe immer und ausführlich jedes spurtreue Auf-dich-zulaufen, nachdem du dich rückwärts vom Pferd weggedreht hast. Für ein schnelles und tiefes Verständnis kannst du nach dem erfolgreichen Einladen dein Pferd durch ein ausführliches Lob anhalten und für einen längeren Zeitraum bestätigen.

DER HANDWECHSEL FRONTAL OHNE EQUIPMENT

Jetzt bist du bestens vorbereitet und kannst den gesamten Handwechsel vor dem Pferd ausführen. Vergiss nicht, dass jeder Wechsel auch den Abstand zwischen dir und deinem Pferd ungewollt vergrößern kann. Ein Auseinanderdriften und Weglaufen könnte die Folge sein. Denke also immer an deinen Magneteffekt. Kommt es zu einem Verlust der Verbindung, versuche dein Pferd erneut in deine Position zu führen. Schnell wirst du bemerken, dass sich dein Körper ganz ohne Equipment viel besser bewegen kann. Es gibt keinen störenden Strick, der im Weg hängt.

Wechsle die Gerte in die linke Hand.

Du kannst die Gerte seitlich ausstrecken und damit eine optische Schranke bilden.

Jetzt kann dein Pferd wieder zurück in die seitliche Führposition kommen.

DER WECHSEL HINTER DEM RÜCKEN

Ein Wechsel hinter dem Rücken ist eine sehr hilfreiche Variante, um einfach nur die Führposition zu wechseln oder einen Handwechsel auszuführen.

— Beginne aus dem Stehen. Um die ersten Wechsel für dein Pferd etwas einfacher zu gestalten, mache einen großen Schritt nach vorn und stelle dich neben die Wange. Von dort kann dein Pferd schneller hinter dem Rücken herwechseln.

— Stehst du rechts vom Pferdekörper, hältst du deine Gerte in der linken Hand. Dadurch kannst du sie wie eine Schranke einsetzen, die ein Geradeaus-Weitergehen verhindert und dein Pferd zum Abwenden hinter deinem Rücken animiert.

— Jetzt wird sich entscheiden, ob deine treibende Hilfe auch richtig verstanden wurde, denn das Angehen im Schritt wird nun in dieser neuen Haltung abgefragt. Sobald ihr gemeinsam angeht, sollte dein Pferd hinter deinem Rücken in die neue Position laufen.

— Vergiss deine führende Hand auch bei diesem Wechsel nicht. Das Anzeigen der neuen Richtung ist immer ein hilfreiches Mittel zur Verständigung.

DER WECHSEL FÜR DAS FORTGESCHRITTENE FÜHREN UND FOLGEN

Jetzt heißt es üben, um deine Wechsel zu verbessern. Nutze hierzu viele unterschiedliche Bahnfiguren. Nimm dir beispielsweise das „Durch den Zirkel wechseln" vor:

— Laufe eine wiederkehrende Acht durch den Zirkel und wechsle damit sowohl die Bahnhand (die Hand/Seite, auf der du dich befindest) als auch die Führposition. Das ist eine wunderbare Übung, die immer mehr Anspruch bekommen kann.

— Durch ein Verkleinern oder Vergrößern der Wendungen kann der Schwierigkeitsgrad verändert werden. Dabei kannst du sowohl hinter als auch vor dir wechseln lassen.

01

02

03

04

Schlangenlinien durch die Bahn sind ebenfalls eine mögliche Variante. Bei der Schlangenlinie kannst du Führen und Folgen perfekt kombinieren.

So gehst du vor:

— Wende dein Pferd von der langen Seite ab, um die Schlangenlinie zu beginnen. Lade es dabei ein, dir frontal zu folgen, indem du rückwärtslaufend in die Schlangenlinie abwendest.

— Durchlaufe die Mittellinie bis zur nächsten langen Seite und mache einen Wechsel zurück in die seitliche Position.

— Um in die nächste Schlangenlinie zu wenden, bleibst du in der seitlichen Position und machst bei einem Durchqueren der Mittellinie einen Wechsel der Position hinter deinem Rücken.

— Für den nächsten Schlangenlinienbogen kannst du dein Pferd wieder durch deine rückwärtslaufende Einladung folgen lassen, um viel Abwechslung in die Positionen einzuarbeiten.

01 – 02
Wende vom Hufschlag ab, um durch die ganze Bahn zu wechseln. Dabei solltest du dich vor dem Kopf deines Pferdes befinden.

03 – 04
Eine Hand zeigt die neue Richtung an, die andere leitet mit der Gerte den Wechsel ein. Dein Pferd befindet sich wieder in der seitlichen Führposition.

DAS FREIE LONGIEREN

Bei der gymnastizierenden Freiarbeit spielt das freie Longieren eine große Rolle, denn alle positiven Eigenschaften bezogen auf das Zirkeltraining können genutzt werden. Ja, es ist möglich, ein Pferd in der Freiarbeit zu longieren! Allerdings unterscheidet sich der Prozess etwas von der traditionellen Longenarbeit. Bei der Freiarbeit wird das Pferd ohne Longe, ohne direkten physischen Kontakt durch Körpersprache, Stimmkommandos und Gertenhilfe geleitet. Ziel ist der Aufbau einer Distanz, die es ermöglicht, das Pferd zu verschiedenen Bewegungen auf dem Kreis zu motivieren und dabei die sichere imaginäre Verbindung der Verständigung zu halten.

TRAININGSTIPP

Der Zirkel gilt als eine der ältesten Bahnfiguren und hat nichts von seiner Bedeutung verloren. Er fördert unter anderem die Geschmeidigkeit und verbessert das Gleichgewicht des Pferdes erheblich. Dennoch sollten wir nicht vergessen, dass der Zirkel nicht zum natürlichen Bewegungspotenzial des Pferdes gehört. Daher liegt es in der Verantwortung des Freiarbeiters, seinem Schützling „Pferd" die Idee einer Zirkellinie beizubringen und dafür Sorge zu tragen, dass es sich bei der Arbeit auf dem Zirkel wohlfühlt und keine Verspannungen entstehen.

Freies Longieren hat immer etwas Besonderes und seinen eigenen Reiz.

Die positiven Eigenschaften einer durchdachten Zirkelarbeit sollten bereits früh in die Ausbildung miteinbezogen werden. Deshalb entwickle ich das anfängliche freie Zirkeln direkt im Ausbildungsabschnitt Führen und Folgen. Durch frühes Aufbautraining bleibt dem Pferd genügend Zeit, das freie Zirkeln zu verstehen und seinen Körper und Geist auf die zukünftigen Anforderungen vorzubereiten.
Blicken wir zurück auf die ersten Schritte der gymnastizierenden Freiarbeit, so finden wir bereits hier elementare Bausteine für richtiges Zirkeln. Die grundlegenden Hilfen und möglichen Kommunikationswege, die für ein effektives Zirkeltraining notwendig sind, wurden bereits ausgebildet.
So hilfreich der Zirkel auch ist, verbergen sich doch auch Gefahren hinter dem Kreislinienkonzept. Ein zu intensives und langanhaltendes Zirkeln ermüdet das Pferd schnell. Besser ist das Arbeiten von mehreren Zirkellinien hintereinander. Schonend und behutsam muss der Zirkel ausgebildet werden, nur so kann das Pferd vor Frustrations- und Motivationsproblemen bewahrt werden. Besonders der Vorwärtsdrang leidet nur zu schnell durch falsch verstandenes Zirkeln. Es gilt unter allen Umständen den Vorwärts-Gedanken aufrecht zu erhalten und die Qualität der vorwärts arbeitenden Hinterhand durch korrekt erarbeitetes Zirkeltraining zu steigern.
Durch den bewussten Aufbau von der Führ- und Folgearbeit bis hin zur Übungs- und Lektionsarbeit und dem damit verbundenen intensiven Longentraining können all die genannten Schwierigkeiten vermieden werden und die Motivation des Pferdes bleibt erhalten.
Im späteren Ausbildungsverlauf bietet das freie Longieren eine ganzheitliche Trainingsmethode mit vielen Möglichkeiten, die dem traditionellen Longieren oder dem Reiten in fast nichts nachsteht. Fortgeschrittene gymnastizierende Longenarbeit fordert viel Geduld, Übung und ein gutes Verständnis für die eigene Körpersprache. Es ist eine Technik, die auf einer bereits etablierten Kommunikationsbasis aufbaut. Diese Methode kann sehr belohnend sein, da durch das Longieren ein größerer Bewegungsspielraum gewährt wird, als es bei der Freiarbeit mit direkter Nähe zum Pferdekörper der Fall ist.
Das freie Longieren ist die logische Konsequenz aus allen zuvor gearbeiteten Führ- und Folgeübungen, und die für das Longieren notwenige Distanz zum Pferd gleichzeitig ein Test. Freies Longieren ist auch der direkte Einstieg in die weiterführende gymnastische

Besonders wichtig ist das Loben!

006
Zum Film: Der Handwechsel beim freien Longieren

MERKE
Der große Vorteil einer freien Longenarbeit ist die Tatsache, dass dein Pferd zu jedem Zeitpunkt „Nein" sagen kann. Wird etwas zu schwer oder ist zu missverständlich, wird sich das Pferd von der Zirkellinie entfernen und den Freiarbeiter alleinstehen lassen.

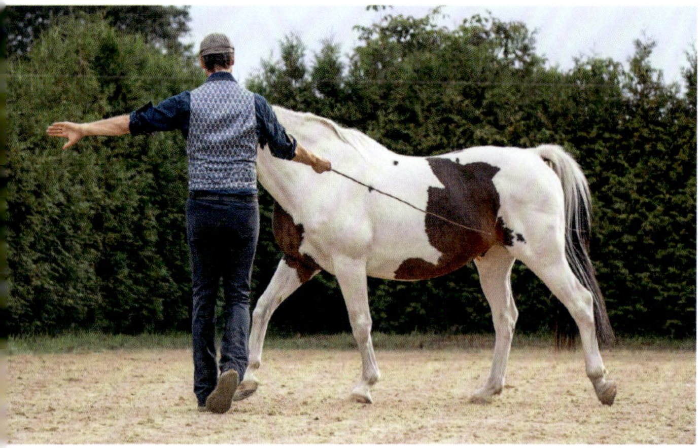

01

02

05

06

01 – 03
Wer beim Handwechseltraining gut vorgearbeitet hat, wird beim freien Longieren Vorteile haben.

04 – 06
Durch regelmäßiges Abrufen kann die Distanz für das freie Longieren bestimmt werden.

07 – 08
Vorwärts treiben, Richtung vorgeben und fließende Führpositionswechsel sind für das freie Longieren Voraussetzung.

Arbeit, weil sich bereits in den Anfängen der freien Longenarbeit die Form des Pferdes verändert und sich zu einer physiologisch sinnvollen Arbeitshaltung entwickelt.

So gehst du vor:

— Zunächst gilt es, den Abstand zwischen Pferd und Mensch zu vergrößern. Denk immer an den Magneteffekt. Nur weil sich die Distanz zu deinem Pferd vergrößert, muss sich die Anziehung nicht verlieren. Um das sicherzustellen, vergrößere den Abstand schrittweise.

— Laufe zunächst rückwärts vor deinem Pferd her und lasse es folgen. Aus dieser folgenden Haltung wird das seitliche Versetzen in die Zweitspur verlangt. Wenn dein Pferd dir spurtreu folgt, befindet es sich in derselben Hufschlaglinie wie du sie vorgibst. Ihr lauft beide gemeinsam in der Erstspur. Beim seitlichen Versetzen zwecks Distanzaufbau darf dein Pferd neben dir in die Zweitspur gehen.

3

04

7

08

— Um die Distanz zu vergrößern, sollten auch die Spuren ausgeweitet werden. So werden die Dritt- und Viertspur sowie weitere Spuren folgen, um bis ins gewünschte Zirkelmaß zu gelangen.
— Dazu verwendest du die Hilfen, die du bereits für deinen Wechsel entwickelt hast. Deine führende Hand zeigt an, wohin sich das Pferd versetzen soll, deine Gerte richtet sich neben den Hals und führt damit das Pferd seitlich in die zweite Spur hinein.
— Sobald dein Pferd einen vermehrten Abstand zu dir eingenommen hat, drehst du dich mit deinem Körper in die seitliche, vorwärts ausgerichtete Position.
— Laufe nicht zu lange mit deinem Pferd mit. Das Mitlaufen wirkt treibend und kann zum Vermitteln der Bewegung jederzeit verwendet werden. Möchtest du aber einen gleichmäßigen Zirkel entwickeln, empfiehlt es sich, standorttreu zu bleiben. Dazu benötigst du ein Bein, um das du mit dem anderen Bein herumlaufen kannst. Bleib ruhig in Bewegung und fuße auf der Stelle auf und ab. Das vermittelt ein Weiterlaufen und hält dein Pferd in Bewegung. Befindest du dich auf der linken Hand deines Pferdes, so ist dein linkes Bein das Standbein, um das du mit dem rechten Bein herumlaufen kannst.

☞ ÜBUNGEN BEIM FREIEN LONGIEREN

RICHTUNGSWECHSEL

Schaffe Distanz, indem du dein Pferd von dir weggehen lässt. Hat es die gewünschte Distanz zu dir erreicht, lade es ein, zurück in die Zirkelmitte zu kommen für einen Richtungswechsel. Wechsle häufig durch den Zirkel.

ÜBERGÄNGE ZWISCHEN DEN GANGARTEN

Übergänge zwischen den Gangarten sind wichtige Elemente eines ganzheitlichen Freiarbeit-Trainings.

Sie verbessern die Klarheit der Hilfengebung und das Gefühl für richtige Vorbereitung und Timing.

ÜBERGÄNGE IM TEMPO UND RAHMENERWEITERUNG

Für die Feinabstimmung des Tempos innerhalb derselben Gangart sind Übergänge zielführende Übungen.

Achte darauf, dass sich dein Pferd im Rahmen erweitert oder verkürzt und nicht angespannt davonrennt.

SEITENGÄNGE

Alle Seitengänge, die das System der Reitkunst bereithält, werden auch bei der gymnastizierenden Freiarbeit angewendet, ob beim freien Longieren oder in direkter Nähe zu deinem Pferd.

VERSAMMELTE ÜBUNGEN

Die kraftvolle Bergaufbewegung des Pferdes zu fördern, ist wesentliches Ziel der gymnastizierenden Freiarbeit.

PIROUETTEN

Gezielte Übungen wie das Pirouettieren im Galopp stärken die Muskeln der Hinterhand.

HILFEN- UND FORMARBEIT

Wer das Führen und Folgen sehr gut beherrscht und den direkten Einstieg in die gymnastizierende Freiarbeit sucht, der kommt zur Hilfen- und Formarbeit. Was beinhaltet das genau? Diese Begriffe stehen für:

1. das Ausbilden von Hilfen und der damit verbundenen Möglichkeit der
2. Formgebung und Formentwicklung.

Die Führ- und Folgearbeit zielte insbesondere ab auf eine klare und verständliche Kommunikation, bezogen auf Richtung, Tempo, Gangart, Distanz und Position. Auch ein effektives Körpertraining, das eine Verbesserung der Körperfunktionen und -leistungen erreichen möchte, benötigt eine geeignete Sprache. Sie transportiert die gymnastizierende Botschaft präzise und direkt und vermeidet Missverständnisse.
Fitnessaufbau und körperliche Entwicklung umfassen eine breite Palette von Bewegungen, die sowohl schnelle als auch langsame Elemente beinhalten können. Die Art der Bewegung hängt von den spezifischen Fitnesszielen und den körperlichen Anforderungen der jeweiligen Übung ab. Alle Bewegungen sollen aber mit größtmöglicher Harmonie und Leichtigkeit ausgeführt werden. Je harmonischer sich die gemeinsam verbrachte Zeit gestaltet, desto leichter lernen und entwickeln sich die Pferde.
Gezielt ausgeführte Hilfen bei der Freiarbeit können den gesamten Körper des Pferdes positiv beeinflussen. Der Schlüssel liegt in einer durchdachten und systematischen Trainingsmethode, die im Idealfall auch für das Reiten genutzt werden kann.
Bei der Hilfenarbeit entwickelt der Freiarbeiter ein Hilfensystem, welches um den gesamten Pferdekörper herum einwirken kann. Jede Hilfe hat eine spezifische Wirkung. Das ist Voraussetzung für den letzten Ausbildungsabschnitt, die Übungs- und Lektionenarbeit.
Die Formarbeit bezieht sich auf die allgemeine Haltung, die das Pferd bei der Freiarbeit einnimmt. Freiarbeit lässt dem Pferd die „freie" Entscheidung, wie es sich formen mag! Dennoch spielt die Haltung, die beim Training eingenommen wird, eine entscheidende Rolle für die Effektivität des Trainings, die Prävention von Verletzungen und die allgemeine Körpermechanik. Eine korrekte Haltung ist also auch bei der gymnastizierenden Freiarbeit von zentraler Bedeutung. Mich persönlich fasziniert die Tatsache, dass sich ein Pferd bei physiologisch sinnvoll ausgeführten Übungen von ganz allein formt, als ob es durch die Einwirkung von Reiter, Zäumung oder Zügeleinwirkung beeinflusst wird. Damit erklärt sich immer wieder aufs Neue, dass

MERKE
Wir reden von Ausbildung und dem damit verbundenen körperlichen Training, bei dem auch eine muskuläre Spannung entsteht. Dennoch sollte das erklärte Ziel sein, eine positive Spannung bei der Arbeit zu entwickeln, um das Pferd bereitwillig und interessiert mitarbeiten zu lassen. Dadurch wird das Training effizienter, weil weniger Widerstand vorhanden ist und das Pferd motivierter den Anforderungen entsprechen möchte.

»Harmonische Interaktionen erleichtern die Einführung neuer Konzepte und Übungen um ein Vielfaches.«

ein korrekt ausgebildetes Pferd die Anlehnung als Teil seiner Gesamtbalance und -harmonie annimmt und der Freiarbeiter bei dieser wunderbaren Partnerschaft nur die Rolle des Leiters und nicht des Zwingers übernimmt.

Die Formarbeit nimmt Einfluss auf die Ausrichtung der Wirbelsäule, von der Hinterhand bis hin in die Kopf- und Halsachse. Dadurch entwickelt sich nach und nach eine Rumpfstabilität, die das ausbalancierte Fußen bei der Freiarbeit immer graziler und ausdrucksstärker erscheinen lassen. Die Hilfen- und Formarbeit lässt eine Verbesserung der Körpermechanik zu und kann auf die Schulter- und Hüftposition aktiv einwirken. Die Bewegung des Pferdes wird immer fließender, was sich zusätzlich positiv auf eine geregelte und kontrollierte Atmung auswirkt.

Ein zentraler Aspekt der Hilfengebung ist die Einwirkung auf die Form.

DAS ABC DER FREIARBEITSHILFEN

Auch die gymnastizierende Freiarbeit benötigt eine durchdachte Hilfengebung, die einheitlich und verständlich zur Übermittlung einer Botschaft dient. Das „ABC" der Hilfengebung bezieht sich auf zwei unterschiedliche Ansätze:

1. das Prinzip der Priorisierung
2. das Prinzip des Lernens

Beim Prinzip der Priorisierung werden die wichtigsten Hilfen entwickelt, die wiederum zu den wichtigsten Übungen führen. Es werden also vorrangig Hilfen ausgebildet, um die Effizienz des Lernprozesses zu maximieren und möglichst frühzeitig auf die körperliche Verfassung des Pferdes positiv einzuwirken. Manche Hilfen haben zu Beginn der Ausbildung Priorität und sollten aus diesem Grund immer an erster Stelle stehen. Dieser Ansatz kann ein roter Faden sein. Dazu gehören Lernaktivitäten, die unmittelbar wichtig sind, wie beispielsweise die Vorbereitung auf die Längsbiegung oder das Mobilisieren einzelner Körperregionen.
Im zweiten Schritt folgen die für den langfristigen Ausbildungserfolg notwendigen Hilfen. Sie umfassen alle Lernaktivitäten bezogen auf zusätzliche Hilfen, die wichtig sind, aber nicht unbedingt zu Beginn der Ausbildung erforderlich, um ein effektives Training auszuführen. Dennoch haben sie ihren Sinn und tragen entscheidend zu einer immer feineren und tieferen Verbindung zum Pferd bei. Beim „Finetuning" werden alle Hilfen, die in Schritt eins und zwei ausgebildet wurden, immer dezenter ausgeführt, sodass sie für den Außenstehenden fast unsichtbar sind.
Im dritten Schritt werden insbesondere Hilfen ergänzt oder optimiert, die eine weit fortgeschrittene gymnastizierende Freiarbeit ermöglichen und optimieren.
Organisierst du die Hilfen nach dem ABC-Prinzip, stellst du sicher, dass du dich auf das konzentrierst, was am wichtigsten erscheint, um die zur Verfügung stehende Zeit optimal zu nutzen. Dieser Ansatz fördert nicht nur die Produktivität, sondern hilft auch, Überlastung und Lernstress zu vermeiden.

DAS ALPHABET LERNEN

Ein wichtiger Aspekt, den ich bei der Ausbildung eines Hilfensystems immer beachte, ist das klassische Erlernen des Alphabets, also das Memorieren der Buchstabenreihenfolge. Nicht so, wie es der Mensch lernt, sondern bezogen auf die zu lernenden Signale,

MERKE

Ausbildung braucht Struktur. Mit nur einer begrenzten Anzahl an Buchstaben ist es möglich, eine unbegrenzte Anzahl an Sätzen zu bilden. Das lässt sich auf die Hilfen der Freiarbeit übertragen: Mit einer kleinen Anzahl an Hilfen können alle Lektionen und vor allem eine unbegrenzte Anzahl an Übungsreihen ausgeführt werden. Damit kann der gymnastizierende Freiarbeiter auf vielfältige Weise kombinieren und sein Training immer abwechslungsreich gestalten.

01

die ein Freiarbeiter zur Verständigung verwenden möchte. „Memorieren“ bedeutet, sich Informationen durch gezieltes Einprägen zu merken. Es handelt sich um einen Lernprozess, bei dem durch Wiederholung und Übung gewisse Fertigkeiten so im Gedächtnis verankert werden, dass sie später abgerufen werden können. Die Informationen werden gespeichert, sodass sie bei Bedarf schnell und zuverlässig greifbar sind. Beim Lernen des Alphabets ist die Abfolge der Buchstaben wichtig. Genauso sehe ich es bei der Ausbildung von Hilfen. Eine bestimmte Reihenfolge ermöglicht ein komplexes Hilfensystem, das im weiteren Verlauf in allen Situationen und in verschiedenen Positionen wirksam sein wird. Diese Fähigkeit der Signalgebung, aus einer begrenzten Menge von Elementen (Hilfen) eine nahezu unendliche Vielfalt von Übungen und Aussagen zu erzeugen, sehe ich als eines der grundlegenden Merkmale einer Reitkunstausbildung an.

02

01 Wer das gesamte ABC erlernen möchte, sollte mit einzelnen Buchstaben beginnen.

02 Im Stehen mit dem Pferd zu kommunizieren, ist möglich und sinnvoll. Einzelne Hilfen und die dazu passenden Reaktionen können aus dem und im Stehen entwickelt werden.

GERTE IN DER FREIARBEIT

Um eine logische und leichte Ausbildung von Hilfen sicherzustellen, möchte ich alle Hilfen für die gymnastizierende Freiarbeit mit den Hilfen vergleichen, die ein Reiter zur Verfügung hat. Es ist möglich, die Gewicht-, Schenkel- und Zügeleinwirkung auch in die Freiarbeit zu übertragen. Dafür benötigen wir „Ersatzsignale", die durch die eigene Körpersprache, Stimme und insbesondere durch den Einsatz der Gerte ausgeführt werden.

Die Gerte hat einen hohen Stellenwert beim Symbolisieren von nicht vorhandenen Reiterhilfen. Bei der Ausführung dieser Hilfen handelt es sich immer um ein Zusammenspiel mehrerer Einwirkungen. Im Folgenden beziehe ich mich deshalb im Wesentlichen auf die Gerte, weil sie zu Beginn der gymnastizierenden Freiarbeit ein wichtiges Hilfsmittel bildet.

Ich möchte deutlich erwähnen, dass der beschriebene Gerteneinsatz in keinerlei Weise einer Strafe oder Härte ähnelt.

☞ DIE HILFEN DES FREIARBEITERS

- → Biegende Hilfe
- → Lösende Hilfe
- → Vorwärtstreibende Hilfe
- → Innere-Schulter-führende-Hilfe
- → Äußere-Schulter-führende-Hilfe
- → Innere seitwärtstreibende Hilfe
- → Äußere seitwärtstreibende Hilfe
- → Versammelnde Hilfe
- → Gleichzeitige und diagonale Hilfen

Auf das Zusammenspiel der Hilfen kommt es an.

Ein Gerteneinsatz zur Bestrafung des Pferdes für unerwünschtes Verhalten oder zur Durchsetzung von Kommandos durch körperlichen Schmerz ist nicht zu tolerieren. Er steht im Gegensatz zu einem korrekten, unterstützenden Einsatz der Gerte als feine Hilfengebung, zur Motivation oder Präzisierung der Hilfen. Ein strafender Einsatz ist nicht nur ethisch problematisch, er kann auch negative Auswirkungen auf das Vertrauensverhältnis zwischen Reiter und Pferd haben, zu Missverständnissen in der Kommunikation führen und langfristige Verhaltensprobleme oder Angst beim Pferd verursachen. Ich distanziere mich von jeglichem Missbrauch der Gerte im Reiten, der Bodenarbeit und der Freiarbeit sowie bei jeglichem Umgang im Zusammenhang mit dem Pferd. Ich möchte jeden Pferdemenschen dazu anregen, die Idee der Gertenhilfe zu verstehen und in der Praxis entsprechend umzusetzen.

FALSCH VERSTANDENER GERTENEINSATZ

- Die Gerte wird mit unnötiger Härte eingesetzt, was Schmerzen verursacht und beim Pferd zu Angst oder Stress führen kann.
- Die Gerte wird in Momenten der Frustration oder des Ärgers verwendet, nicht als gezielte Hilfestellung, sondern als Ausdruck von Unmut.
- Schlagen mit der Gerte, obwohl das Pferd die gewünschte Reaktion bereits zeigt oder es aus Unsicherheit oder Unverständnis aufgrund eines harten Gerteneinsatz nicht reagieren kann.
- Schlagen auf besonders empfindliche oder ungeeignete Bereiche des Pferdekörpers wie Kopf oder Beine, was nicht nur schmerzhaft ist, sondern auch Verletzungen verursachen kann.
- Verlass auf die Gerte als Hauptmittel zur Durchsetzung von Anweisungen, anstatt sie als Mittel in einem Repertoire ausgewogener, feiner Hilfen zu verwenden.

Je mehr Gertenhilfen ausgebildet sind, desto präziser muss die Gerte geführt werden.

AUSWIRKUNG EINES FALSCH VERSTANDENEN GERTENEINSATZES

- Pferde, die wiederholt strafend behandelt werden, können das Vertrauen in ihren Menschen verlieren, was die Grundlage einer jeden positiven Mensch-Pferd-Beziehung untergräbt.
- Strafende Maßnahmen können beim Pferd zu anhaltender Angst und Stress führen, was nicht nur die Leistungsfähigkeit beeinträchtigt, sondern auch das Wohlbefinden des Tieres gefährdet.
- Pferde lernen am besten in einer Umgebung, die Sicherheit und Verständnis bietet. Strafe kann das Lernen erschweren und zu dauerhaften Verhaltensproblemen führen.
- Neben den psychologischen Auswirkungen kann ein harter Gerteneinsatz auch zu physischen Verletzungen führen.

VON DER GERTE ZUM ZAUBERSTAB

Wer die Gerte als Hilfe für feine und harmonische Kommunikation betrachtet, wird schnell erkennen, dass sie zum Zauberstab werden kann.

»Eine Hilfe ist nur dann eine Hilfe, wenn sie hilft, das Ziel zu erreichen oder in einer unsicheren Situation die notwendige Sicherheit vermitteln kann.«

Dazu müssen folgende Aspekte berücksichtigt werden:

- Ausführliches Ausbilden und Erklären von Gertensignalen und deren Bedeutung in Bezug auf die angestrebte gymnastizierende Freiarbeit oder generelle Tätigkeit;
- Verwendung eindeutiger und einheitlicher Hilfen und das Aufbauen eines Trainings auf der Grundlage von Geduld und gegenseitigem Verständnis;
- Belohnung für korrektes Verhalten, um das Pferd zu motivieren, dieses Verhalten zu wiederholen;
- Berücksichtigung der individuellen Persönlichkeit, der Fähigkeiten und des aktuellen Trainingsstands des Pferdes.

Ein respektvoller und verständnisvoller Umgang mit dem Pferd, der auf Kommunikation statt auf Bestrafung basiert, fördert eine positive Beziehung, unterstützt ein effektives Lernen und beschleunigt die Ausbildung. Jegliche Form der Ausbildung und des Zusammenseins sollte diesen Umgangston voraussetzen.

007
Zum Film: Stellung und Biegung

DIE BIEGENDE HILFE

Die Gerte wird durch das Hinzeigen der Gertenspitze zu einem imaginären inneren Reiterschenkel. Damit bietet sie einen optischen Reiz, um den sich das Pferd herumbiegen kann. Eine Berührung ist bei sicherem Verständnis nicht notwendig, zu Beginn der Ausbildung können leichte Berührungen mit der Gertenspitze aber das Verständnis verbessern. Pferde reagieren hoch sensibel auf kleinste Berührungen und können hervorragend zonenweise wahrnehmen. Du solltest die Sensibilität deines Pferdes herausfinden – lerne, sie zu nutzen. Beachte dabei immer die grundlegende Idee der Gertenhilfe! Dein Pferd soll sich nicht von einem Druck wegbewegen, ganz im Gegenteil! Es soll lernen, sich um einen Impuls herum zu formen. Dabei ist das innere Bild einer Banane immer hilfreich. Die Krümmung einer Banane sollte besonders im Zusammenhang mit Stellung und Biegung entstehen.

LÖSEN IM STEHEN

Das „Lösen im Stehen" ist eine geeignete Übung, um die Intention der Gertenhilfe zu vermitteln. Wie der Name der Übung bereits sagt, solltest du mit deinem Pferd zum Stehen kommen, beispielsweise in der Mitte der Reitbahn. Stell dich in die Frontposition vor den Pferdekopf, mit einer Armlänge Abstand. Die Gertenspitze ist zu diesem Zeitpunkt vor den Hufen am Boden abgelegt.

- Nimm die Gertenspitze seitlich hoch in den Bereich, wo der Sattelgurt liegen würde. Dort wird ab jetzt die Gertenhilfe zum Stellen und Biegen ausgeführt.

Das Lösen im Stehen bietet genug Ruhe zum Ausbilden. Hier lernt das Pferd, die Stellung und Biegung sowie das Abwärtsstrecken auszuführen.

Aus der stehenden Übung geht es weiter im Schritt. Vorwärts-abwärts in Biegung ist eine wichtige Voraussetzung für die zukünftigen Herausforderungen.

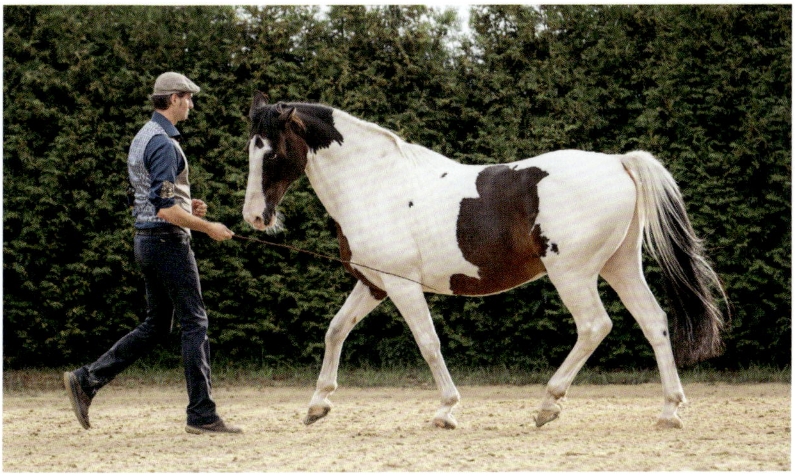

Im weiteren Ausbildungsverlauf wird die Biegung in alle Grundgangarten übertragen.

- Belohne zu Beginn jegliche Ausrichtung des Kopfes in Richtung der Gerte und warte nicht auf den „perfekten“ Moment. Der erste Gedanke zählt und sollte bestärkt werden.
- Nach kürzester Zeit wird dein Pferd die Idee der seitlichen Stellung verstanden haben. Daraus entwickelt sich automatisch ein Abwärtsstrecken, was du ebenfalls lobend bestätigst. Das Verlängern der Oberlinie hilft hervorragend in Situationen, in denen sich dein Pferd durch falsche Anspannung zu kurz im Hals macht.
- Bleib mit deinem Oberkörper gerade vor dem Pferd stehen. Du solltest nicht zu viele Bewegungen ausführen, die zum Angehen verleiten.
- Ein leichtes Drehen der Gertenschulter in Richtung der Gurtlage, dorthin, wo auch die Gerte hinzeigt, kann hilfreich sein.
- Ein Missverständnis, wie beispielsweise das ungewollte Angehen, kannst du durch erneutes Stoppen und eine freundliche Aufforderung, rückwärts auf die alte Position zurückzugehen, korrigieren.
- Ergänze die Stimme, um das seitliche Lösen einzuleiten. Du kannst einen festen Begriff dafür wählen. Das ist aber nicht zwingend notwendig, weil die anderen Hilfen besonders für die Arbeit in der Bewegung priorisiert werden.

STELLUNG UND BIEGUNG BEGRENZEN

Stellung ist schnell erarbeitet, Biegung bedarf etwas mehr Ausbildung. Nicht jedes Pferd wird sich aufgrund einer Stellung auch direkt biegen. Doch zunächst ist es wichtig, das gewonnene Ergebnis zu reduzieren. Hat dein Pferd die abrufbare Stellung verstanden, kann es noch nicht wissen, wieviel Stellung denn richtig ist. Deshalb benötigen wir eine begrenzende Einwirkung. Beim Reiten kann das Begrenzen der Stellung durch den Einsatz einer Zügelhilfe geschehen. Bei der gymnastizierenden Freiarbeit haben wir keinen Zügel und brauchen eine Ersatzhilfe. Hier kommt die „Kappzaumhand“ ins Spiel. Damit meine ich das Auflegen der Hand auf den Nasenrücken, wie eine Art Nasenriemen bei einem Kappzaum.

Die erste Herausforderung wird die Berührung am Nasenbein sein. Es sieht einfach aus, doch in der Praxis bereitet es häufig Schwierigkeiten bei Mensch und Pferd. Ein langes Auflegen der Hand am Nasenrücken wird nicht von jedem Pferd direkt akzeptiert und bedarf in vielen Fällen etwas Zeit und Training.

Auf das richtige Maß kommt es an.

MERKE
Für die „Kappzaumhand“ legst du eine Hand auf den Nasenrücken, etwa dort, wo der Nasenriemen liegen würde.

Mit einer Berührung am Nasenbein kann die Stellung begrenzt werden.

Darfst du die Hand problemlos am Nasenrücken auflegen, kannst du auf das Platzieren des Pferdekopfes eingehen. Ein zu starkes Abstellen korrigierst du mit einer vorsichtigen Gegenbewegung. Stellt sich das Pferd beispielsweise zu stark nach rechts, so kann die Kappzaumhand nach links einwirken und der zu starken Stellung entgegenwirken.

DIE BIEGUNG ENTSTEHEN LASSEN

Bei jeder gymnastizierenden Arbeit sollte das Pferd in seiner Gesamtheit betrachtet werden, und nicht nur ein einzelnes Körperteil. In meiner Lehrtätigkeit erkläre ich Zusammenhänge gern abschnittsweise und unterteile oftmals in viele kleine Übungssequenzen. Das macht es für Mensch und Pferd wesentlich leichter, die Komplexität zu verstehen. Dennoch muss jede Aufteilung am Ende zum großen Ganzen führen. Stellung und Biegung sollten nicht als reine Halsbewegung angesehen werden, sondern mehr als die Verkürzung der Muskulatur der inneren Unterlinie. Das setzt immer eine Dehnungsbereitschaft der äußeren Oberlinie voraus – ein Grund, warum das Schulterherein bei der Freiarbeit eine wichtige Rolle zur Erarbeitung einer Form einnimmt. Ein großer Vorteil der Freiarbeit im Zusammenhang mit der Stellung und Biegung ist die Tatsache, dass keine Zügeleinwirkung gegen eine Biegungsrichtung arbeiten kann.
Ist die Stellung korrekt und entwickelt sich zur Biegung, kannst du das an verschiedenen Merkmalen erkennen. In diesem Zusammenhang möchte ich dich besonders auf die innere Hüfte des Pferdes aufmerksam

MERKE

Bei der Biegung ist es besonders wichtig, dass du dein Pferd aufmerksam beobachtest. Biegt es sich über die gesamte Wirbelsäule oder „verbiegt" es nur den Hals? Nicht jedes seitliche Bewegen der Kopf-Hals-Achse führt automatisch zur positiven Form der restlichen Wirbelsäule durch den gesamten Pferdekörper.

machen: Forderst du dein Pferd auf, eine Rechtsstellung und Biegung zu zeigen, sollte sich die rechte Hüfte in die gleiche Richtung bewegen. Besonders gut ist das zu erkennen, wenn du vor dem Pferd rückwärtsläufst. Doch auch ein Auge muss zunächst Erfahrung sammeln, damit meine ich, dass du dein Auge erst schulen musst, alle Bewegungen wahrzunehmen. Manche Bewegungen sind sehr deutlich zu sehen, andere nur als kleine Veränderungen im gesamten System. Hier braucht es etwas Training, um sie zu erkennen.

Setzt sich das Pferd mit einer korrekt positionierten Schädel- und Hüftausrichtung in Bewegung, kann der innere Hinterfuß ohne Schwierigkeiten vorgreifen und das richtige Verkürzen der inneren Körperseite hervorrufen. Ganz ohne Zügeleinwirkung entsteht in der gymnastizierenden Freiarbeit ein korrekt gebogenes Pferd in Selbsthaltung.

DIE LÖSENDE HILFE

DAS LÖSEN UND STRECKEN NEBEN DEM PFERD

— Stellen wir das Pferd, sollte der innere Unterkiefer sich dem inneren Atlasflügel annähern. Das wird schwierig, wenn nicht genügend Ganaschenfreiheit vorhanden ist.
Macht sich das Pferd bei der Freiarbeit zu kurz im Hals, wird das Stellen und damit auch das Biegen erschwert. Es wird nicht möglich sein, eine Stellung abzuverlangen, ohne dass es zu Quetschungen des Gewebes kommt.
Daher sollte der Hals auch erst in eine gewisse Streckung gearbeitet werden, um ein Einengen beispielsweise der Ohrspeicheldrüse zu vermeiden. Es kommt dabei nicht so sehr auf intensives Abwärtstrecken an. Entscheidend ist nur,

Lösende Hilfen können auch im Stehen entwickelt werden.

dass im Ganaschenbereich Platz für das seitliche Drehen des Schädels vorhanden ist. Das kann bei vielen Pferden bereits durch ein horizontales Vorwärtsstrecken erreicht werden.

SEITLICHES LÖSEN

Das seitliche Lösen sollte zu Beginn ebenfalls im Stehen ausgebildet werden.

— Platziere dich ähnlich wie beim Longieren neben dem Pferdekörper, ohne dabei einen großen Abstand einzunehmen. Eine Gertenlänge Abstand ist perfekt und ermöglicht zugleich die Einwirkung der Gerte.

— Nun legst du die Gertenspitze auf den Widerrist und streichst langsam den Mähnenkamm entlang in Richtung Genick. Die Gerte berührt dabei den Mähnenkamm und sollte vor den Ohren zum Stoppen kommen. Ein Berühren der Ohren könnte eine Abwehrbewegung (zum Beispiel Kopfschütteln) hervorrufen.

— Wird die Gerte entlang der Mähne nach vorn bewegt, kommt häufig ein Nachgeben zustande. Falls dein Pferd keine Idee hat, gestalte deine Botschaft einfacher und leite vom bereits Gelernten über. Beispielsweise hilft das Auflegen der Handfläche am Genick hinter den Ohren häufig, ein Absenken des Kopfes auszulösen. Die Verwendung von einem Halfter oder Kappzaum ist ebenfalls eine gute Verknüpfungsmöglichkeit, sofern du das Nachgeben auf eines der Hilfsmittel bereits entwickelt hast.

— Ein stimmliches Kommando wie beispielsweise „Tief“ oder „Abwärts“ kann ebenfalls ergänzt werden und wird auch in Zukunft hilfreich sein. Ist das Kommando verstanden, kann es auch beim Reiten Verwendung finden.

008

Zum Film: Die lösende Hilfe

Die lösende Einwirkung verhindert ein ungewolltes Verkürzen von Hals und Kopf.

Energisch, aufmerksam und bereitwillig in die Bewegung gehen

DIE VORWÄRTS-TREIBENDE HILFE

Die vorwärtstreibende Hilfe wurde im Führ- und Folgekapitel bereits ausgiebig behandelt. Und das aus gutem Grund, denn eine ganzheitliche Gymnastik kann nur stattfinden, wenn im positiven Sinne auf die Vorwärtsbewegung eingegangen werden kann. In den meisten Fällen ist die vorwärtstreibende Hilfe eine besondere Herausforderung, wenn der Freiarbeiter vor dem Pferdekopf steht und rückwärtsläuft.
Diese Situation erfordert Übung, auch von deiner Seite.

DIE FÜHRUNG DER SCHULTERN

Die Führung der Schultern ist bei der gymnastizierenden Freiarbeit ein wichtiges Thema. Sie spielt eine zentrale Rolle bei der Vermittlung einer Richtung sowie bei der Entwicklung von Balance, Biegung und allgemeiner Beweglichkeit.
Eine effektive Schulterkontrolle ermöglicht es dem Freiarbeiter, präzise Richtungsänderungen vorzunehmen, die Gangarten zu regulieren, die korrekte Stellung und Biegung des Pferdes zu beeinflussen, das seitliche und längslaufende Gleichgewicht zu verbessern und vieles mehr.

- Die korrekte Positionierung der Schultern unterstützt die Balance des Pferdes. Wenn ein Pferd lernt, seine Schultern gleichmäßig zu belasten, verbessert sich seine Tragfähigkeit und Stabilität, insbesondere in Wendungen, Seitengängen und versammelten Übungen.
- Die Schultern des Pferdes bestimmen maßgeblich die Richtung seiner Bewegung. Durch gezielte Einwirkung auf die Schulter kann der Freiarbeiter die Richtung ändern, ohne dabei die Bewegung des Pferdes durch übermäßigen körperlichen Einsatz oder durch grobe Signale zu stören.
- Pferde, die lernen, ihren Schultern zu folgen und auf feine Hilfen zu reagieren, entwickeln eine physiologisch sinnvolle Form in die Bewegungsrichtung hinein. Dies führt zu einer harmonischeren Zusammenarbeit und vermindert die Wahrscheinlichkeit von Missverständnissen und Konflikten.

- Ein weiterer wichtiger Punkt in Zusammenhang mit Reitkunstübungen ist die präzise Kontrolle über die Schultern. Eine gute Schulterkontrolle ermöglicht es, eine fließende, harmonische und effiziente Bewegung auszuführen.
- Die Fähigkeit, die Schultern des Pferdes effektiv zu führen und zu positionieren, ist eine unverzichtbare Voraussetzung für fortgeschrittene Lektionen wie Pirouetten, fliegende Wechsel und anspruchsvolle Seitengänge bei der gymnastizierenden Freiarbeit.

Um die Führung der Schulter zu verbessern, müssen Hilfen entwickelt werden, die alle darauf abzielen, die Beweglichkeit und Reaktionsfähigkeit des Pferdes in diesem Bereich zu fördern.

DIE INNERE-SCHULTER-FÜHRENDE-HILFE

Zunächst konzentrieren wir uns bei dieser Hilfe auf eine der beiden Schultern. Dabei ist die innere Schulter am besten zu erreichen, da die Gerte aufgrund der Biegungsrichtung ebenfalls nach innen ausgerichtet ist.

- Es empfiehlt sich die Frontposition rückwärtslaufend vor dem Pferd. Du erhältst dadurch einen besseren Überblick, ob dein Pferd mit seinen Schultern auf deine Hilfe auch reagiert.
- Führe dein Pferd auf eine kleine Zirkellinie im Schritt auf der linken Hand. Deine Körpersprache signalisiert ein Folgen im Vorwärts. Die Gerte bleibt zunächst ausgerichtet in der biegenden Position.
- Nun soll dein Pferd den Zirkel vergrößern. Auch hier erfolgt zunächst eine Hilfe mit der Gerte: Die Gertenspitze zeigt mittig zur Innenseite des Halses. Bei dieser Übung soll die Schulter geführt werden, was aber nicht zwangsläufig bedeutet, dass du auch direkt auf die Schulter zeigen musst.
- Bewege deine Gerte zur Halsung hin und weg, um ein seitliches Herausweichen in Richtung „Vergrößern“ auszulösen.
- Beachte dabei, dass du deine Position vor dem Pferd halten möchtest. Sobald die Hilfe der Gerte angenommen wird, laufe mit deinem Pferd in den vergrößerten Zirkel mit.

01

02

01 Das Führen der Schulter gibt dem Freiarbeiter eine präzise Kontrolle.

02 Schulterführung trägt wesentlich zur Entwicklung eines gut ausgebildeten Pferdes bei.

FÜHREN BEIDER SCHULTERN MIT ZWEI GERTEN

Auch die äußere Schulter kann eine direkte Führung erhalten. Das Einwirken auf die äußere Schulter wird benötigt, um ein unkontrolliertes Ausweichen nach außen zu vermeiden. Es dient aber auch einer präzisen Führung der Schulter, um das spurtreue Folgen hinter dem Freiarbeiter her zu verbessern. Dabei ist zu Beginn das Mitnehmen einer zweiten Gerte interessant. Trichterförmig können nun beide Schultern zwischen den Gerten geführt und aufgefangen werden.

- Probiere zu Beginn beide Gerten dauerhaft ausgerichtet zu lassen, damit sich dein Pferd zwischen den beiden Gerten eingerahmt fühlt und daran gewöhnt.
- Mit der Zeit sollte nur die innere Gerte vorherrschen und in Richtung Pferd zeigen. Die zweite Gerte kommt nur bei Bedarf zum Einsatz.

01

01 Sind die Schulterführung und das spurtreue Folgen schwierig, kann eine zweite Gerte besonders gut helfen.

02 Beide Gerten werden dabei rechts und links auf Schulterhöhe positioniert.

02

Das Öffnen der Schulter …

… wird besonders interessant …

… bei der Lektion Schulterherein.

DAS ÖFFNEN DER SCHULTER

Es gibt mehrere Möglichkeiten der Schulterführung. Weil die Führung der Schultern so eine wichtige Rolle bei der Ausbildung spielt, möchte ich eine weitere Einwirkung vorstellen, die besonders im Kapitel der Seitengänge interessant wird.

Im vorherigen Verlauf habe ich erklärt, wie eine Schulter geführt wird, indem die Gerte ein Ausweichsignal vermittelt. Die Körpersprache unterstützt das Ganze und lässt es zu. Eine weitere Möglichkeit ist das Öffnen und Platz machen, sodass die Schulter auf die Gerten- und Körpersprachenhilfen hinzulaufen kann.

— Zum Ausbilden dieser Hilfe solltest du wieder vor dem Pferd stehen. Halte die Gerte in deiner rechten Hand und strecke den rechten Arm zur Seite weg. Die Gerte entfernt sich dabei vom Körper deines Pferdes. Damit schaffst du den Freiraum, den dein Pferd benötigt.

— Achte darauf, dass deine Körpersprache eine Einladung vermittelt und nicht gegen die Hilfe der Gerte arbeitet. Du solltest mit deinem rechten Bein denselben Platz schaffen und einen Ausfallschritt nach rechts ausführen.

— Sobald deine Intention vom Pferd verstanden wird, zeigt es denselben Schritt zur Seite: einen Öffnungsschritt nach links. Dabei spielt es zu Beginn keine Rolle, ob das linke oder das rechte Vorderbein als erstes vom Boden abfußt, um zum Ausfallschritt anzusetzen.

— Ein Angehen vorwärts sollte bei dieser Übung vermieden werden. Ziel ist der Ausfallschritt zur Seite, ohne dabei in eine Gangart reinzulaufen. Beachte deshalb, dass deine eigene Körpersprache keinerlei treibende Signale vermittelt, die ein Angehen verursachen. In den meisten Fällen empfiehlt es sich, eine Stopphilfe im Moment des Ausfallschrittes zu vermitteln.

TRAININGSTIPP

Klappt der Ausfallschritt nicht wie gewünscht und es kommt zu dem Missverständnis, dass dein Pferd ständig angehen möchte, kannst du mit einer zweiten Gerte unterstützen: Der rechte Arm öffnet sich und lässt die Schulter herein. Der linke Arm zeigt mit der Gerte außen in Richtung der Schulter. Dadurch entsteht das Führen der äußeren Schulter. Das Pferd weicht der Hilfe seitlich aus und geht in den geöffneten Raum hinein.

DIE ÄUSSERE-SCHULTER-FÜHRENDE-HILFE

Wenn zwei Gerten bei der Freiarbeit verwendet werden, kann sowohl auf die innere als auch auf die äußere Rahmung der Schulter geachtet werden. Ein erklärtes Ziel bei der gymnastizierenden Freiarbeit ist das Reduzieren der Hilfen auf ein ausreichendes Minimum. Aus diesem Grund kann ein Einrahmen der äußeren Schulter auch nur mit einer Gerte stattfinden. Beachte dabei, dass die Gerte auf der inneren Körperseite des Pferdes bleibt und nicht mit einer direkten Platzierung nach außen zur Einwirkung kommt. Das ist wichtig, damit die innere Unterstützung der Gertenhilfe nicht aufgelöst wird oder es zumindest schnell wieder zu einer Unterstützung der inneren Einwirkung kommen kann.

Als Beispiel schauen wir uns die Biegung des Pferdes an: Möchtest du auf die Vorhand deines Pferdes einwirken und dabei die Biegung beibehalten, ist das vielleicht eine Herausforderung, wenn sich die dazugehörige Hilfe auflöst. Wird die Gerte weg von der Gurtlage genommen und an eine ganz andere Stelle positioniert, kann die Biegung verloren gehen. Deshalb empfehle ich, die Gerte auch bei äußerer Einwirkung so auszurichten, dass die innere Unterstützung ohne Umweg wieder zu erreichen ist.

Das Ausbilden einer imaginären äußeren Zügelhilfe ist eine Möglichkeit, um alle Vorteile der inneren Gertenhaltung auszuschöpfen.

— Um die äußere Zügelhilfe zu symbolisieren, musst du deinen Gertenarm nach oben strecken. Deine Gerte sollte so hoch gehalten werden, dass die Spitze über den Mähnenkamm zur äußeren Halsseite zeigt. Dabei reicht es aus, wenn die Gerte optisch zum Zielort zeigt. Es ist nicht zwingend notwendig, dass dein Arm bzw. die Gertenspitze auf der äußeren Halsseite anliegt oder sie berührt. Zur Ausbildung kann es aber hilfreich sein, wenn der Arm und die Gerte deutlich auf die andere Seite angehoben werden.

— Um die Hilfe zu erklären, ist die gleiche Herangehensweise möglich wie beim Öffnen der Schulter: Mittels eines Ausfallschrittes machst du deinem Pferd Platz, damit es einen Schritt nach innen reinlaufen kann. Doch diesmal werden deine Körpersprache und das Gertensignal eine imaginäre äußere Zügelhilfe vermitteln, um den Ausfallschritt einzuleiten. Diese Art der Einwirkung wird besonders im Kapitel der Seitengänge eine wichtige Rolle spielen.

Die Gertenspitze zeigt optisch zur äußeren Schulter.

DIE FÜHRUNG DER HINTERHAND

DIE INNERE SEITWÄRTSHILFE

Der imaginäre innere Schenkel eines Freiarbeiters spielt eine zentrale Rolle in der Kommunikation. Diese Hilfe erfüllt mehrere wichtige Funktionen während der Freiarbeit. Im Zusammenhang mit der Stellung und Biegung habe ich die Gerte als inneren Schenkel bereits erklärt. Die korrekte Anwendung des inneren Schenkels hat mehrere Funktionen und trägt nicht nur zur Biegung bei, sondern ist auch für die Steuerung der Bewegung, die Balance, die Formgebung, die Steuerung der Hinterhand im Allgemeinen sowie die Aktivierung der Hinterhand des Pferdes wichtig.

Dies sind die Hauptfunktionen des inneren Schenkels:

- Der imaginäre innere Schenkel wirkt dort ein, wo auch der innere Reiterschenkel liegen würde. Er dient dazu, die Hinterhand zu aktivieren und diese vermehrt unter den Schwerpunkt zu arbeiten. Dies ist wichtig für die Erzeugung von Schub- und Tragkraft aus der Hinterhand, was wiederum die Grundlage für alle Bewegungen und die Versammlung bildet.
- In Wendungen oder auf gebogenen Linien wie Zirkeln oder Volten ermöglicht das Ausbilden dieser Hilfe, das Pferd um den inneren Schenkel zu biegen. Dies trägt zu einer korrekten Biegung des Pferdekörpers entlang der Bewegungsrichtung bei.
- Bei Seitengängen spielt der innere Schenkel eine wichtige Rolle, indem er das Pferd auffordert, seine Hinterbeine seitlich unter den Schwerpunkt zu setzen und gleichzeitig eine korrekte Biegung zu bewahren.
- Der innere Schenkel hilft zusammen mit den anderen Hilfen, das Pferd in Balance zu halten und es auf geraden sowie gebogenen Linien geradezurichten. Er wirkt der natürlichen Schiefe des Pferdes entgegen und unterstützt eine symmetrische Belastung beider Seiten.
- Sowohl bei Aufwärts- als auch bei Abwärtsübergängen zwischen den Gangarten spielt der innere Schenkel eine wichtige Rolle. Er signalisiert dem Pferd, sich für den Übergang vorzubereiten, indem er die Aufmerksamkeit und Aktivität der Hinterhand fördert.
- Die effektive Nutzung des imaginären inneren Schenkels erfordert Feingefühl und Timing, um das Pferd präzise und ohne Überforderung oder Missverständnisse zu lenken. Die Kombination des inneren Schenkels mit anderen Hilfen, die dem Freiarbeiter zur Verfügung stehen, ermöglicht eine klare und effiziente Kommunikation, die die Grundlage für eine erfolgreiche Ausbildung und das Wohlbefinden des Pferdes bildet.

Die Gertenspitze zeigt optisch zur imaginären inneren Schenkellage.

Die Gertenspitze zeigt optisch zum äußeren Hinterbein. Damit wird der imaginäre äußere Schenkel symbolisiert.

DIE ÄUSSERE SEITWÄRTSHILFE

Wer sein Pferd in jeder Situation unterstützen möchte, benötigt bei der Freiarbeit nicht nur einen imaginären inneren Schenkel! Auch der äußere Schenkel übernimmt mehrere wichtige Funktionen. Er arbeitet oft in Kombination mit anderen Freiarbeitshilfen, um das Pferd zu steuern, seine Bewegungen zu formen und die Balance zu fördern.

— Der äußere Schenkel wirkt auf der Außenseite des Pferdes, hinter der Gurtlage, ein. Je weiter die Gerte in Richtung Hinterhand ausgerichtet wird, desto mehr verstärkt sich die Intention einer Seitwärtsbewegung.

Dies sind die Hauptfunktionen des äußeren Schenkels:

— Der imaginäre äußere Schenkel hilft, die Bewegung der Hinterhand des Pferdes zu kontrollieren. Er verhindert, dass die Hinterhand während der Biegung oder bei Seitengängen unkontrolliert nach außen driftet, und unterstützt damit eine korrekte Ausrichtung des Pferdekörpers.

— In Zusammenhang mit dem inneren Schenkel hilft der äußere Schenkel, die Biegung des Pferdes zu fördern. Er sorgt dafür, dass das Pferd sich gleichmäßig um den inneren Schenkel biegt, ohne dass die Hinterhand oder einzelne Hinterfüße ausscheren.

— Während der innere Schenkel primär für die Aktivierung und Beschleunigung zuständig ist, spielt der äußere Schenkel eine Rolle bei der Regulierung des Tempos und der Unterstützung von Gangartwechseln, indem er die Energie der Hinterhand kanalisiert und fokussiert. Das ist eine wichtige Eigenschaft, wenn es im späteren Ausbildungsverlauf darum geht, die Lastaufnahme der Hinterhand zu steigern. Während der innere Schenkel besonders gut den inneren Hinterfuß des Pferdes platzieren kann, wirkt der äußere Schenkel gezielt auf den äußeren Hinterfuß ein.

— Bei vielen Seitengängen ist der äußere Schenkel entscheidend, um die seitliche Bewegung zu steuern und zu begrenzen.

Lastaufnahme der Hinterhand ist ein wichtiger Bestandteil gymnastizierender Freiarbeit.

Er gibt dem Pferd Grenzen vor, innerhalb derer es sich bewegen soll, und vermittelt richtige Schwungrichtungen.

— Der äußere Schenkel hilft, das Pferd in Balance zu halten, besonders in Wendungen und bei der Arbeit auf gebogenen Linien. Er unterstützt das Pferd dabei, seine Balance zu finden und zu bewahren, was für eine harmonische und effiziente Bewegung essenziell ist.

— Zusammen mit dem inneren Schenkel unterstützt der äußere Schenkel das Pferd bei der Vorbereitung und Durchführung von Übergängen zwischen den Gangarten, indem er die seitliche Stabilität gewährleistet und die Hinterhand aktiv hält.

Die korrekte Anwendung beider imaginären Schenkel erfordert Präzision, Timing und ein gutes Gefühl für die Bewegungen und Reaktionen des Pferdes. Durch das harmonische Zusammenspiel von innerem und äußerem Schenkel sowie den anderen Freiarbeiterhilfen können feine Anweisungen gegeben werden, die die Leistungsfähigkeit und das Wohlbefinden des Pferdes fördern.

DIE VERSAMMELNDE HILFE

Gewichtshilfen sind eines der grundlegenden Kommunikationsmittel zwischen Reiter und Pferd. Sie gehören neben den Schenkel-, Zügel- und Stimmhilfen zu den vier Hauptreiterhilfen. Bringen wir nun die Idee der Gewichtshilfen in die gymnastizierende Freiarbeit, so versteht man darunter die bewusste Verlagerung des eigenen Körpergewichts, unabhängig ob vor, neben oder hinter dem Pferd gelaufen wird, um eine Anweisung zu geben oder Bewegungen zu beeinflussen. Diese Art der Hilfengebung kann subtil sein, hat aber einen großen Einfluss auf die Balance, Richtung und Geschwindigkeit des Pferdes.
Durch Verlagerung des Gewichts in die gewünschte Richtung kann der Freiarbeiter dem Pferd signalisieren, in diese Richtung zu wechseln. Diese Art der Gewichtshilfe haben wir bereits beim ersten Ausbildungsabschnitt, der Führ- und Folgearbeit, etabliert und verwendet. Eine Verlagerung des Körpergewichts nach vorne oder nach hinten, immer in Abhängigkeit von der gewählten Führposition, kann das Pferd ermuntern, das Tempo zu erhöhen, zu verlangsamen oder anzuhalten. Bei der Ausführung von Seitengängen hilft die gezielte Verlagerung des Körpergewichts, das Pferd innerhalb einer Seitwärtsverschiebung zu lenken.
Besonders interessant wird die Vorstellung der Gewichtshilfe, wenn es um das Thema Lastaufnahme und der damit verbundenen Versammlung geht. Durch das Verlagern des Gewichts in den Sitz kann der Reiter dem Pferd helfen, sich zu sammeln und das Gewicht mehr auf die Hinterhand zu verlagern, was für höhere Reitkunstlektionen

erforderlich ist. Dasselbe gilt in der Freiarbeit. Ein Verlagern des eigenen Körpergewichtes in die Richtung der Hinterfüße bringt ein Verzögern innerhalb der Gangart mit sich und ermöglicht somit ein gezieltes Herantreiben der Hinterfüße vermehrt unter den Körper des Pferdes.

Bedenke bei imaginären Gewichtshilfen:

- Sei dir deiner Körperhaltung und Gewichtsverteilung bewusst. Du musst beides kontrollieren können, um klare und konsistente Hilfen zu geben.
- Die Anwendung der gedanklichen Gewichtshilfen erfordert Feingefühl, um Überreaktionen oder Missverständnisse zu vermeiden.
- Die Effektivität von imaginären Gewichtshilfen in der gymnastizierenden Freiarbeit hängt von ihrem harmonischen Zusammenspiel mit den körpersprachlichen und stimmlichen Hilfen sowie dem richtigen Timing ab.
- Imaginäre Gewichtshilfen sind ein Zeichen für fortgeschrittenes gymnastizierendes Freiarbeiten und erfordern Übung und Erfahrung, um effektiv und harmonisch eingesetzt zu werden. Ein gutes Zusammenspiel von Gewichtshilfen kann die Kommunikation mit dem Pferd erheblich verbessern, die Ausbildung beschleunigen, einen schönen Ausdruck in die gezeigte Arbeit bringen und zu einer engeren Bindung zwischen dir und dem Pferd führen.

Die Gerte spielt bei dieser Arbeit ebenfalls eine wichtige Rolle und sollte neben der eigenen Körperschwerpunktverlagerung als eigenstände Hilfe ausgebildet werden.

- Richte die Gerte zur Vermittlung der Versammlungsbotschaft auf die Hinterhand. Beachte, dass die Gerte mit der Spitze auf die Hinterhand in Richtung Kruppe gerichtet wird und nicht seitlich gegen die Hinterhand (das könnte ein Ausweichen aus der Lastaufnahme hervorrufen).
- Ein leichtes Streichen oberhalb der Kruppe in Richtung Schweifansatz kann die Wirkung verbessern und ein deutliches Lastaufnehmen hervorrufen. Zu Beginn sollte eine starke Hankenbeugung nicht im Vordergrund stehen. Eine einfache Tempoveränderung in Form von verkürzten Schritten, Tritten oder Sprüngen bei gleichzeitiger aktiver Hinterhand ist das erste erklärte Ziel.

Für die Lastaufnahme und Hankenbeugung wird eine komplexe Hilfengebung notwendig.

Ein komplexes Hilfensystem ermöglicht ganzheitliches Ausbilden.

GLEICHZEITIGE UND DIAGONALE HILFEN

Jetzt kommen wir zu etwas komplexeren Hilfen. Wer reiterliche Erfahrung hat, kann sich zum besseren Verständnis auch die reiterliche Einwirkung bildlich vorstellen, im Zusammenhang mit gleichzeitigen oder diagonalen Hilfen.
Diagonale Hilfen beim Reiten sind eine Kombination von Reiterhilfen, die gleichzeitig oder in schneller Abfolge gegeben werden, um eine spezifische Bewegung auszuführen oder zu erreichen. Diese Art der Hilfengebung ist in vielen unterschiedlichen Situationen nützlich und zwingend erforderlich, um die Elemente der Reitkunst zu verwirklichen. Hier einige Beispiele:
Diagonale Hilfen werden verwendet, um das Pferd korrekt um die innere Hilfe des Freiarbeiters zu biegen. Auf der inneren Körperhälfte wird ein Impuls gegeben, während gleichzeitig auf der äußeren Körperhälfte eine weitere unterstützende Einwirkung stattfindet. Dies fördert eine gleichmäßige Biegung entlang der gesamten Körperlänge des Pferdes.
Bei Lektionen wie dem Schulterherein, Travers (Kruppeherein) oder Renvers (Kruppeheraus) spielen diagonale Hilfen ebenfalls eine entscheidende Rolle, um die seitliche Bewegung des Pferdes zu steuern, eine korrekte Form zu erhalten oder das Gleichgewicht des Pferdes zu unterstützen. Diagonale Hilfen tragen somit dazu bei, das Gleichgewicht des Pferdes zu verbessern und es auf geraden Linien sowie auf gebogenen Linien auszubalancieren, indem sie gegen die natürliche Schiefe des Pferdes arbeiten. Durch die koordinierte Anwendung von imaginärer Schenkel- und Zügeleinwirkung kann der gymnastizierende Freiarbeiter das Tempo anpassen und flüssige Übergänge zwischen den Gangarten sowie innerhalb einer Gangart erzielen. Die innere nachtreibende Hilfe fordert die Aktivität der Hinterhand, während eine gleichzeitige äußere Einwirkung diese Energie kanalisiert und ein übermäßiges Ausweichen aus der Vorwärtsbewegung verhindert, was zu einer verbesserten Tragkraft und Versammlung führt. Diagonale Hilfen, ob gleichzeitig oder im schnellen Wechsel, sind ein wesentlicher Bestandteil einer gymnastizierenden Einwirkung und ermöglichen eine differenzierte und effektive Kommunikation mit dem Pferd. Sie tragen wesentlich zur Entwicklung einer feinen, harmonischen Freiarbeit bei und fördern die gymnastischen Fähigkeiten des Pferdes.

TRAININGSTIPP

Diagonale Hilfen müssen präzise und im richtigen Moment gegeben werden, um effektiv zu sein. Sie erfordern ein gutes Gefühl des Freiarbeiters für das Timing und die Intensität der Hilfen. Wie immer gilt: Die Intensität und Art der diagonalen Hilfen muss an die individuellen Bedürfnisse und die momentane Situation des Pferdes angepasst werden.

Wie sieht eine diagonale Hilfe aus?

Eine klassische Situation für diagonale Hilfen ist die Verwendung von innerer Schulterführung und äußerer Schenkelführung.

— Wenn du mit deinem Pferd in der Freiarbeit eine Traversale durch die Diagonale ausführen möchtest, brauchst du die imaginäre äußere Schenkelhilfe, um das richtige Maß an Vorwärts und Seitwärts auszurichten. Dazu wird ein Regulieren der Vorhandausrichtung notwendig sein, um endscheidend auf die Qualität der Traversale einwirken zu können.
— Damit du eine gleichzeitige diagonale Hilfe ausführen kannst, zeigst du mit der Gertenspitze mit gehobenem Arm in Richtung der äußeren Hinterhand. Der Schaft, das bedeutet der restliche Bereich der Gerte, wird auf die innere Halsseite

01

02

MERKE
Werden Hilfen in einer logischen und verständlichen Reihenfolge ausgebildet, ist es völlig egal, wo du dich als Freiarbeiter positionierst. Dein Pferd wird die Hilfe verstehen. Es funktioniert aber nicht immer direkt, dass dein Pferd eine bereits bekannte Hilfe in einer neuen Position ausführt.
Als Beispiel nehmen wir das Führen der Schulter. In der folgenden Position vor dem Pferd funktioniert diese Übung vielleicht schon sehr gut. Nun möchtest du dieselbe Übung im freien Longieren machen. Dein Pferd hat die Signale von Körpersprache, Gerte und Stimme verstanden, aber es fällt ihm noch schwer, beim Longieren diese Signale auch auszuführen. Das bedeutet noch lange nicht, dass du die Hilfe falsch ausgebildet oder falsch vermittelt hast. Meistens bedarf es nur etwas Übung und Routine, bis die Hilfe beim Longieren genauso gut umgesetzt wird, wie es rückwärts vor dem Pferd auch funktioniert.

ausgerichtet und wirkt damit kontrollierend auf das seitliche Gleichgewicht des Pferdes ein.
— Nun kann im Zusammenspiel mit der Körpersprache, Gerte und Stimmhilfe auf jegliche Situationen innerhalb einer Traversalverschiebung eingegangen werden.

ANLEHNUNG

Beim Reiten ist „Anlehnung“ definiert als ein Zustand der harmonischen Verbindung, bei dem das Pferd den Kontakt zum Zügel gleichmäßig und weich sucht und annimmt. Anlehnung ist ein Grundprinzip der Reitkunst und gilt als Indikator für eine korrekte Ausbildung des Pferdes. Sie ist immer auch ein Ergebnis einer ganzheitlichen gymnastizierenden Arbeit – und genau dort finden wir uns in der Freiarbeit wieder.
Wenn wir eine Anlehnung nur in Verbindung mit einer zügelführenden Hand sehen, so können und wollen wir in der gymnastizierenden Freiarbeit keine Anlehnung ent-

03

01 Seitengänge sind hervorragende Lektionen, um die Form zu verbessern.

02 Pirouetten sind ebenfalls hilfreiche Übungen und fördern die Aufrichtung.

03 Form ist ein dynamischer Prozess, der sich mit zunehmender Ausbildung entwickelt.

wickeln. Wird die Anlehnung hingegen als eine Formgebung verstanden, resultierend aus einer physiologisch sinnvollen und richtigen Bewegung, dann ist es auch jedem Freiarbeiter möglich, sein Pferd in eine optische Anlehnung zu führen und gezielt auf diese einzugehen.

Die Entwicklung der Form ist nicht nur ein Ziel, sondern auch ein Weg zur Verbesserung der physischen und mentalen Balance des Pferdes. Sie fördert eine gesunde Körperhaltung, unterstützt die gymnastische Entwicklung des Pferdes und verbessert seine Leistungsfähigkeit. Eine korrekte Form ermöglicht es dem Reiter, feine Hilfen zu geben, die das Pferd versteht und umsetzen kann, und ist somit essenziell für die Ausführung anspruchsvollerer Lektionen. Eine gute Form zu erreichen und zu erhalten, erfordert ein hohes Maß an Sensibilität, Geduld und konsequenter Arbeit von Seiten des Freiarbeiters. Sie ist das Ergebnis einer systematischen Ausbildung, die das Wohlbefinden und die natürlichen Bewegungsabläufe des Pferdes respektiert. Übe dich in Geduld und die Form wird von alleine kommen.

Aufrichtung ist relativ zum Ausbildungsstand und den körperlichen Fähigkeiten.

ÜBUNGS- UND LEKTIONENARBEIT

009
Zum Film: Übungs- und Lektionenarbeit

Die Übungs- und Lektionenarbeit ist für die meisten Freiarbeiter der spannendste Teil. Persönlich liebe und genieße ich jeden Ausbildungsabschnitt, was sicherlich daran liegt, dass ich generell jede Minute, die ich mit Pferden verbringe, genieße. Und auch, weil ich um die Wichtigkeit und Wirkung einer gefestigten Basisarbeit weiß. Dennoch hat der Übungs- und Lektionenteil seinen besonderen Reiz. Und wer die Führ- und Folge- sowie die Hilfen- und Formarbeit gut und richtig ausgeführt hat, der wird eine ganze Menge Spaß bei der Entwicklung von Übungen und Lektionen haben.

Übungen werden allgemein definiert als geplante, strukturierte und wiederholte Tätigkeiten oder Handlungen mit dem Ziel, spezifische Fähigkeiten zu erlernen, zu verbessern oder aufrechtzuerhalten. Übungen sind ein fundamentales Werkzeug zur Förderung von Lernen, Entwicklung und Leistungssteigerung. Sie erfordern vom Freiarbeiter Engagement, Disziplin und manchmal auch Kreativität, um sie effektiv und nachhaltig in den Alltag zu integrieren. Mittels Übungen und Übungsreihen werden die unterschiedlichsten Lektionen entwickelt und verbessert.

Lektionen können eine breite Palette von Fähigkeiten abdecken, von Grundlagen der Reitkunst bis hin zu spezialisierten Techniken wie der Hohen Schule. Lektionen bei der gymnastizierenden Freiarbeit sind sowohl für das Training des Pferdes als auch für die Ausbildung des Freiarbeiters von zentraler Bedeutung. Sie dienen dazu, Kommunikation, Verständnis, Leistung und Harmonie zwischen Freiarbeiter und Pferd zu fördern.

WERTVOLLE ÜBUNGEN

Hier ein paar Beispiele, welche Themen innerhalb der Übungs- und Lektionenarbeit bei der gymnastizierenden Freiarbeit einen hohen Stellenwert einnehmen:

- Grundgangarten und Übergänge zwischen und innerhalb der Gangarten;
- Biegungs- und Stellungstraining, Übungen, die darauf abzielen, die Flexibilität, Balance und das korrekte Biegen des Pferdes zu verbessern;
- Lektionen, die die Muskulatur des Pferdes stärken und seine Beweglichkeit fördern, einschließlich Arbeit an der Versammlung und am Tragen des Gewichts auf der Hinterhand;
- Lektionen, die das Pferd in seitlichen Bewegungen schulen, wie Schulterherein, Travers, Renvers. Sie verbessern die Koordination und Geschmeidigkeit des Pferdes;
- Lektionen, die auf eine Reitkunstausbildung ausgerichtet sind wie beispielsweise Pirouetten, Piaffe, Passage, Paraden, einschließlich der Arbeit an aufeinanderfolgenden Lektionen, der Verbesserung von Reitkunstfiguren und der Feinabstimmung der Kommunikation zwischen Freiarbeiter und Pferd.

THEORIE UND PRAXIS

Die gymnastizierende Freiarbeit benötigt neben einem Verständnis von Übungen und Lektionen auch ein besonders hohes Maß an Feingefühl für das Pferd und eine hohe Bereitschaft, sich theoretische Zusammen-

»Das gesteigerte Wohlbefinden innerhalb einer Übung und der daraus resultierenden Lektion steht für mich an oberster Stelle.«

hänge anzueignen. Talent und Gefühl sind eine hervorragende Voraussetzung auf Seiten des Freiarbeiters, doch lange nicht ausreichend, um das Pferd verständnisvoll und physiologisch sinnvoll gymnastizieren zu können.

Übungen und Lektionen sind ein wesentlicher Bestandteil des Trainings- und Lernprozesses innerhalb der gymnastizierenden Freiarbeit. Jede Übung wird mit einem spezifischen Ziel durchgeführt, beispielsweise die Verbesserung der körperlichen Fitness, das Erlernen einer neuen Fähigkeit, die Steigerung der kognitiven Leistung und natürlich die Förderung der Gesundheit. Insbesondere helfen Übungen und Übungsreihen dem jeweiligen Pferd und auch dem Menschen, bestens vorbereitet auf zukünftige Lektionen und deren Schwierigkeiten zu sein. Übungen folgen in der Regel einem geplanten Muster oder Ablauf, der darauf abzielt, die effizienteste und effektivste Methode zur

Eine gute relative Aufrichtung muss vorhanden sein, bevor man zu einer intensiveren Versammlung übergeht.

Auch schwere Übungen wirken mühelos, wenn Kraft und Beweglichkeit richtig entwickelt wurden.

Zielerreichung zu sein. Die regelmäßige Wiederholung ist ein wesentliches Element von Übungen, um Muskelgedächtnis aufzubauen, Fähigkeiten zu festigen und Fortschritte zu erzielen. Der Fortschritt in den durch Übungen geförderten Fähigkeiten ist oft messbar, beispielsweise durch die Verbesserung der Ausführung oder gesteigertes Wohlbefinden.

Achtung: Wiederholungen sind auch kritisch zu betrachten. Wer noch nicht geübt ist in qualitativ hochwertigen Wiederholungen, wird sich anstelle einer erwünschten Verbesserung schnell eine Verschlechterung der Bewegung, Haltung oder Motivation erarbeiten. Beobachte immer dein Pferd, ob es bereit ist, durch Wiederholungen mitzuarbeiten oder ob durch den (gut gemeinten) Wiederholungansatz eine Frustration und Unlust entsteht. Wo nichts zu wiederholen ist, sollte auch nichts wiederholt werden. Eine gymnastizierende Freiarbeit zielt auf ein aufbauendes Training ab, was sich in der auszuführenden Lektion widerspiegelt. Unruhe, Unleidlichkeiten oder Unwohlsein auf Seiten des Pferdes können Zeichen für eine zu schnelle Herangehensweise sein oder Merkmale für eine Ausbildung aus menschlichem Selbstzweck zur Profilierung der eigenen Person.

Übungen können und sollten angepasst werden, um sie auf den individuellen Leistungsstand, die Bedürfnisse und die Möglichkeiten des Pferdes und des dazugehörigen Menschens abzustimmen. Treffe basierend auf den individuellen Fitnesszielen, dem Gesundheitszustand und den persönlichen Vorlieben eine Wahl zwischen schnellen und langsamen Bewegungen. Ein ausgewogener Trainingsplan, der beides integriert, kann zu einer umfassenden Verbesserung der körperlichen Gesundheit und Leistungsfähigkeit führen.

MERKE

Zusammengefasst dient die Übungs- und Lektionenarbeit der Steigerung von Ausdauer, Kraft, Beweglichkeit, Geschicklichkeit und spezifischen Fähigkeiten. Im Bereich der Ausbildung und Vermittlung von Hilfen tragen Übungen und Lektionen zum Erwerb und zur Festigung von Verständnis und Fertigkeiten durch Praxis und Wiederholung bei. Außerdem ermöglichen Übungen und Lektionen die Verfeinerung von Techniken, Ausdruck und Kreativität, und verbinden die gymnastizierende Freiarbeit mit der Reitkunst.

SEITENGÄNGE

Das Arbeiten von Seitengängen kann als eine Schlüsselübung für die Entwicklung eines gesunden und ausdrucksstarken Pferdes betrachtet werden. Deshalb sind diese Übungen auch integraler Bestandteil der gymnastizierenden Freiarbeit und bringen vielfältige Vorteile mit, die das Pferd sowohl physisch als auch mental stärken. Hier sind einige Gründe, warum Seitengänge so wertvoll für die athletische Entwicklung eines Pferdes sind.

Schlüssel für Geschmeidigkeit und Flexibilität

Seitengänge erfordern, dass das Pferd sich in eine Dehnungsbereitschaft bewegen lässt. Bei diesen Bewegungen werden sowohl die Muskeln als auch die Sehnen und umgebendes Bindegewebe gedehnt. Muskeln bestehen aus Muskelzellen, die sich verlängern können, wenn sie gedehnt werden. Sehnen sind das faserige Gewebe, das Muskeln an Knochen befestigt. Sie sind weniger dehnbar als Muskeln, aber sie können sich ebenfalls ein wenig verlängern. Richtig ausgeführte Seitengänge können die Flexibilität

Seitengänge bilden das Fundament für die Entwicklung einer kraftvollen Hinterhand.

Aller Anfang ist schwer, dennoch ist es wichtig anzufangen.

Freie Äußerung, wie dein Pferd in Form und Haltung mitarbeitet.

und Elastizität der Muskeln verbessern und fördern eine gesunde Muskelentwicklung. Dies führt zu mehr Geschmeidigkeit, einer besseren Durchblutung und einem gesunden Muskeltonus. Somit kannst du durch die Arbeit an den Seitengängen dazu beitragen, dass die Bewegung deines Pferdes freier wird.

Schlüssel zur Aktivierung der Hinterhand

Seitengänge fördern die Aktivierung der Hinterhand, indem sie das Pferd dazu anregen, die Hinterbeine unter den Körper zu setzen und mehr Last zu übernehmen. Dies stärkt die Hinterhandmuskulatur und fällt den meisten Pferden zu Beginn bei der Freiarbeit leichter als bei manch anderen Varianten der Ausbildung. Zwei Gründe möchte ich hierfür nennen.

Der erste Grund ist die Unterstützung ohne den Einsatz eines Zaumes. Fehlt ein Hilfsmittel, welches mechanisch auf die Haltung einwirkt, kann sich das Pferd immer frei äußern, wie es die momentane Form und Haltung bei der jeweiligen Ausführung am angenehmsten empfindet. Eine gut gemeinte Hilfestellung durch Zügel, Gebiss oder Sonstiges kann schnell auch zu einem gewissen Störfaktor werden und behindert unter Umständen die Entwicklung einer individuellen Ausführung.

Ein zweiter wichtiger und für jeden einfach nachzuvollziehender Grund ist das Arbeiten mit Gewichten. Nun wirst du dich vielleicht fragen, was ich damit wohl schon wieder meine, schließlich geht das Pferd nicht ins Fitnessstudio und arbeitet fleißig mit Hanteln. Naja, im übertragenen Sinne macht es

das schon. Jeder Mensch, der zum Reiter wird, bringt sein eigenes Körpergewicht zwangsläufig beim Reiten mit ins Trainingsprogramm. Somit muss das Pferd im Durchschnitt eine Extralast von ca. 45 – 90 kg tragen. Dieser Faktor bleibt bei der gymnastizierenden Freiarbeit völlig aus, da bei dieser Art des Trainings nur mit dem Körpergewicht des Pferdes gearbeitet wird.
Diese Tatsache ist wiederum eine ideale Vorbereitung auf die reiterlich umzusetzenden Lektionen im fortgeschrittenen Ausbildungsbereich.

Schlüssel zur Erhöhung der Aufmerksamkeit und Reaktionsfähigkeit

Die Präzision und Konzentration, die für erfolgreiche Seitengänge erforderlich sind, schärfen die mentale Aufmerksamkeit des Pferdes und seine Reaktionsfähigkeit auf die Hilfen des Freiarbeiters. All das verbessert die allgemeine Kommunikation und das Verständnis zwischen den Partnern und macht die Magie der stillen Kommunikation aus.

Schlüssel zur Korrektur und Prävention von Schiefe

Wir kennen das alle – die Schokoladenseite und eben die andere, nicht so gute Seite, die am liebsten vermieden wird. Dabei rede ich nicht nur vom Pferd, sondern immer auch vom Menschen. Beide haben oft eine stärkere, bessere und damit komfortablere Seite. Seitengänge helfen, muskuläre Dysbalancen auszugleichen und die symmetrische Entwicklung zu fördern, indem sich der Mensch selbst und auch das Pferd ermutigt, auf beiden Seiten gleichmäßig zu arbeiten.
Die wenigsten Pferde sind von Natur aus so gerade, dass sie von allein im Freilauf mit den Hinterhufen in die Linie der Vorderhufe fußen. Es bedarf einiges an Arbeit, um gerader und ausbalancierter zu werden, denn zur Geraderichtung tragen folgende Elemente wesentlich bei:

— **die laterale Balance;**
— **die Schwungrichtung der einzelnen Beine;**
— **die Formgebung.**

Wer sich in der gymnastizierenden Freiarbeit mit Seitengängen auseinandersetzt, arbeitet auch immer mit diesen Elementen.

Schlüssel zur Vorbereitung auf höhere Lektionen

Dem fortgeschrittenen Freiarbeiter stehen alle Grundgangarten, Übergänge und Lektionen zur Verfügung, die das Reitkunstsystem bietet. Vorausgesetzt, sie werden richtig erarbeitet und schonend aufgebaut. Seitengänge sind die Basis für komplexere Lektionen wie Pirouetten, Piaffen und Passagen sowie den Schulen über der Erde. Die in den Seitengängen erlernten Fähigkeiten bilden die Grundlage für diese fortgeschrittenen Übungen.

Die Traversale im Trab ist nicht nur für das Pferd eine koordinative Herausforderung.

Sicherlich ist es heutzutage mehr denn je möglich, Lektionen im Schnellverfahren auszubilden. Wer aber nach einer harmonischen Zusammenarbeit strebt, bei der das Pferd seine ganze körperliche und geistige Anmut weiterentwickeln kann, wird sich im Schnellverfahren nicht wiederfinden.
Seitengänge sind somit ein unverzichtbares Werkzeug in der gymnastizierenden Freiarbeit und im täglichen Training, das zur Entwicklung eines athletischen, ausgeglichenen und aufmerksamen Pferdes beiträgt.
Bevor ich ins Detail gehe, möchte ich eine kurze Übersicht der Seitengänge vermitteln, die ich zur Gymnastizierung für sinnvoll halte. Im Hinblick darauf, dass der interessierte Freiarbeiter unterschiedliche Pferderassen bevorzugt und deren individuelles Exterieur beachten muss, ist es mir wichtig, dass nur Seitengänge verwendet werden, die in ihrem Kern zu den „echten" Seitengängen der Reitkunst gehören, also von jedem Pferd ohne gesundheitlichen Schaden ausgeführt werden können.
Es gibt drei verschiedene Seitengänge, die alle Figuren, Linien und Bewegungen – innerhalb einer Reitbahn – möglich machen. Wenn du diese Seitengänge bei der Freiarbeit beherrschst und in der Lage bist, sie fließend ineinander zu verschmelzen, kannst du dich überall hinbewegen, ohne dabei das Pferd über die Vorhand wenden zu müssen. Sie befähigen das Pferd, seine Hinterhand als tragende Zone zu optimieren und ermöglichen es dem Trainer, eine Formgebung aufzubauen, die dem Reiten in fast nichts nachsteht. Diese Seitengänge sind:

— **das Schulterherein**
— **das Kruppeherein**
— **das Renvers**

Während beim Schulterherein das innere Hinterbein und dessen Wirkung auf die äußere Schulter im Fokus steht, wird das Kruppeherein das äußere Hinterbein in Bewegungsrichtung zum Schwerpunkt bringen. Bei korrekter Ausführung wirkt sich das auf beide Schultern aus.

Traversalen sind wichtige Bewegungsabläufe.

Beide Lektionen beeinflussen immer den gesamten Organismus des Pferdes und werden von mir aus biomechanischer Sicht nur in Kürze und komprimierter Form beschrieben. Ich möchte mich im weiteren Verlauf besonders auf das praxisnahe Ausbilden beschränken und empfehle jedem interessierten Freiarbeiter, sich auch tiefgründiger mit der Wirkung der Seitengänge zu beschäftigen.
Das Renvers ist, einfach erklärt, Konter-Kruppeherein.
Doch was ist mit der Traversale und den Pirouetten, welche schließlich auch eine Seitwärtsbewegung im Reitkunstsinne darstellen? Wie bereits erwähnt bilden Schul-

Seitengänge machen alle Figuren, Linien und Bewegungen innerhalb einer Reitbahn möglich.

terherein, Kruppeherein und Renvers die Basis jegliches Bewegens. Traversalen und Pirouetten lassen sich aus den drei Seitengängen logisch entwickeln und sind somit das Resultat der zuvor geleisteten Arbeit. Die Erarbeitung eines korrekten Seitenganges bei der gymnastizierenden Freiarbeit erfordert Geduld und Präzision und sollte schrittweise erfolgen, um die Überforderung des Pferdes und ein falsches Verständnis von Seitwärts zu vermeiden. Mit meinen Schritt-für-Schritt-Anleitungen und den ergänzenden Filmen möchte ich dich als Leser ermutigen, gemeinsam mit deinem Pferd neue Herausforderungen bei der Freiarbeit anzugehen und sie dir auch zuzutrauen.
Ich empfehle, bei Schwierigkeiten oder gefühlten Sackgassen neben der regelmäßigen Übung auch die Anleitung durch einen erfahrenen Trainer.

Und wie immer sollte das Loben nie zu kurz kommen.

SCHULTERHEREIN

010
Zum Film:
Die Schulter
hereinführen

Das Schulterherein ist eine Lektion mit beinah „magischer" Wirkung. Korrekt angewendet, wird das Pferd sich bei der versalen Arbeit entspannen können und kommt somit in einen deutlich losgelassenen Zustand. Schulterherein steht in direkter Verbindung mit der Basis der lateralen Biegung. Hier möchte ich auf das Kapitel „Von der Gerte zum Zauberstab" und die beschriebene Ausbildung von Stellung und Biegung hinweisen. Es finden sich hier viele Parallelen bei der Entwicklung der körperlichen Fähigkeiten und erklärt, warum das Schulterherein in den meisten Fällen als erster Seitengang anzusehen ist.

Beim Schulterherein geht es darum, das innere Hinterbein in die Bewegungsrichtung unter den Körper des Pferdes zu führen. Dann senkt sich die innere Hüfte des Pferdes ab und die äußere Schulter erhält eine stärkere Bewegungsfreiheit, die sich durch ein vermehrtes Heben zeigt.

Ein grundlegendes Verständnis für die verschiedenen Hilfen kann bei der gymnastizierenden Freiarbeit sehr erfolgreich mit dem stehenden Pferd erarbeitet werden.

Dem Schulterherein wird auch in der Freiarbeit ein wichtige Rolle zugeteilt.

DIE HILFEN IM ÜBERBLICK

Körpersprache – Position und Hilfen

- → Die folgende Körperposition vor dem Pferd führt das Pferd auf die gewünschte Linie. Durch das Rückwärtslaufen vor dem Pferd hat deine Körpersprache eine positive Wirkung auf das Vorwärts im Seitwärts.
- → Dein gleichmäßiges aufrechtes Laufen sichert die Linie und Balance des Pferdes.
- → Beginne dein Schulterherein mit der biegenden Hilfe und stelle sicher, dass eine korrekte und motivierte Reaktion erfolgt.
- → Dein Blick geht in Richtung Hinterhand, um die gewünschte Reaktion direkt zu überprüfen. Trotz dieser Kontrolle sollte dein Blick nicht zu starr werden, sondern eher weich und überblickend, damit das gesamte Pferd erkennbar bleibt.
- → Dein Oberkörper dreht sich geringfügig, sodass der Rücken in Richtung Mitte zeigt. Damit erhält die Vorhand deines Pferdes den Raum, um sich leicht nach innen zu bewegen.
- → Deine Füße laufen trotz der leichten Innendrehung weiterhin geradeaus.
- → Der Gertenarm macht den Schultern Platz zum Hereinwenden. Bewege den Arm nicht zu schnell in Richtung Bahnmitte. Ein langsames Öffnen der Schulter nach innen ist besser als ein stürmisches Hereineilen, das schwierig zu kontrollieren ist.
- → Vom Oberarm ausgehend kann sich die Gertenhand entweder vermehrt in Richtung Hinterhand oder nach vorne in Richtung innere Schulter bewegen, in Abhängigkeit von der benötigten Situation.

Gerte-Position und Hilfen

- → Beginne mit der biegenden Hilfe und bestimme damit das innere Hinterbein.
- → Führe den Gertenarm und damit auch die Gerte von der inneren Schulter weg und leite das Öffnen der inneren Schulter ein, damit die Vorhand den Weg nach innen findet.
- → Beim Öffnen wird die Gerte in Richtung inneres Hinterbein gestreckt und wirkt auf die Hinterhand ein.
- → Die innere Seitwärtshilfe lockt das innere Hinterbein in die Schwungrichtung des Schulterhereins.
- → Bewegungen Richtung Hinterhand und zurück in die Ausgangsposition können die untertretende Wirkung verdeutlichen.

Dies kann den Übergang zu einem korrekten, fließenden Seitengang in der Bewegung erleichtern. Aus diesem Grund findest du im Folgenden eine Schritt-für-Schritt-Anleitung, wie das Schulterherein, Kruppeherein und das Renvers mit dem stehenden Pferd ausgebildet werden können.

Das Training im Stand hat Vorteile:

Verständnis: Es hilft dem Pferd, die neue Hilfe zu verstehen und es gewöhnt sich an die neue koordinative Herausforderung, bevor es sich mit der komplexen Bewegung im Schritt, Trab oder Galopp auseinandersetzen muss.

Konzentration: Der Freiarbeiter kann sich vollkommen auf die Genauigkeit der Hilfen konzentrieren, ohne sich gleichzeitig um die Balance oder das Tempo kümmern zu müssen.

Sicherheit: Besonders bei jungen oder unsicheren Pferden kann diese Methode helfen, Vertrauen in die Übung aufzubauen, ohne Überforderung. Das Step-by-Step-Prinzip macht es möglich.

☞ SCHRITT FÜR SCHRITT ZUM ZIEL

Schulterherein im Stehen entwickeln

→ **Positionierung**
Stelle dich vor das Pferd. Zunächst musst du Ruhe vermitteln, um ein sicheres Halten zu gewährleisten. Körpersprache und Gerte sollten neutral sein. Ich empfehle, die Gertenspitze in Richtung Boden vor die Vorderhufe zu platzieren. Von dort aus kann sie ein frühzeitiges Angehen oder Ausweichen über die Schulter begrenzen.

→ **Biegung**
Arbeite zuerst an der korrekten Biegung deines Pferdes. Das Pferd sollte um den inneren Biegeimpuls deiner Hilfengebung gebogen werden und mit dem Kopf leicht in Richtung der Gerte zeigen. Die Gerte darf bei dieser Hilfe nur biegend wirken und nicht weichend.

→ **Seitliche Bewegung der Schulter**
Verwende die innere schulterführende Hilfe, um der Vorhand den Weg nach innen zu erleichtern. Je weiter der Gertenarm nach innen aufmacht, desto mehr können sich beide Vorderbeine in Richtung des zweiten Hufschlages bewegen – eine wichtige Voraussetzung für ein Schulterherein bei der Freiarbeit.

→ **Seitliche Bewegung der Kruppe**
Danach folgt das Ausrichten der Gertenspitze in Richtung Hinterhand, um die Seitwärtshilfe auszuführen. Lehne dich mit dem Oberkörper in Richtung Hinterhand vor und schaue dabei seitlich am Pferd vorbei. Dabei kannst du die Gerte in der Luft in Richtung Hinterhand bewegen, um einen seitlichen Schritt des inneren Hinterbeins in Richtung Schwerpunkt zu erarbeiten. Diese Übung zielt darauf ab, dass sich nur die beiden Hinterfüße seitlich und im Idealfall nach vorne bewegen. Die Vorderfüße sollten stehen bleiben. Das ist auch der Vorteil der Position vor dem Pferd: Du kannst ein vorzeitiges Angehen durch die Körpersprache und Präsenz vermeiden.

→ Langsames Vorwärtsführen
Sobald das Pferd die Hilfe, Form und Übung im Stand versteht, kannst du damit beginnen, wenige kleine Schritte in dieser Position zu machen, wobei du darauf achten solltest, dass das Pferd die Stellung und Biegung beibehält.

Schulterherein in der Bewegung entwickeln

Wenn du auf der geraden Linie (Ganze Bahn) beginnen möchtest, empfehle ich folgende Übungsreihe:

→ Zuerst die Wegführung! Lass dein Pferd in der gewünschten Gangart mit dem passenden Tempo folgen.
Beginne mit der biegenden Hilfe und frage dein Pferd, ob es gebogen geradeaus gehen kann.

→ Als nächste Hilfe kommt das Öffnen der Schulter nach innen herein. Wie der Name Schulterherein ja ausdrückt, muss und darf die Schulter nach innen kommen, während die beiden Hinterfüße weiterhin auf der zuvor gelaufenen Linie bleiben sollten.

→ Um das sicherzustellen, wird nach dem Öffnen der Schulter die Seitwärtshilfe ergänzt. Ohne das Vorwärts-Seitwärts-Arbeiten der Hinterhand wird es nicht gelingen, dein Pferd mit hereingestellter Vorhand weiterhin geradeaus auf der zuvor gewählten Linie zu halten.

→ Überprüfe regelmäßig, ob der Magneteffekt noch besteht. Das Zurücklehnen des Oberkörpers sollte die Vorwärtsbewegung zu jedem Zeitpunkt verbessern.

→ Gelingt das Schulterherein, so kannst du mehrfach Schulterherein auf der Geraden abfragen. Richte dein Pferd zwischen den einzelnen Schulterherein-Momenten immer gerade, um das nächste Schulterherein bestens vorzubereiten.
Es gilt: Qualität vor Quantität. Zu Beginn

ist ein gut ausgeführtes Schulterherein wichtiger als eine mehrfache Wiederholung.

Wenn du auf der Zirkellinie beginnen möchtest, empfehle ich folgende Übungsreihe:

→ Auch hierbei gilt: zuerst die Wegführung! Lass dein Pferd in der gewünschten Gangart mit dem passenden Tempo folgen.

→ Die Zirkellinie animiert in der Regel direkt zu einer Stellung und Biegung und muss mit nur wenig biegender Hilfe eingefordert werden.

→ Wer auf dem Zirkel das Schulterherein ausbilden möchte, kann sich zunächst auch vollkommen auf die Hinterhand konzentrieren. Das Vorwärts-Seitwärts beider Hinterbeine in Richtung Schwerpunkt liegt dabei im Fokus. Ein Zirkel, mit deutlichem Abstand zur Wand, kann in den Anfängen auch genutzt werden, um die Hinterhand über die Seitwärtshilfe direkt anzusprechen, ohne dabei zuerst die Schulter nach innen zu öffnen, wie zuvor auf der geraden Linie beschrieben. Das vereinfacht die Hilfengebung zu Beginn und ist für Mensch und Pferd eine kleine Erleichterung innerhalb dieser komplexen Bewegungsabläufe.

→ Als inneres Bild hilft es, wenn du dir vorstellst, dass die Hinterhand nach außen geführt wird. Aber Achtung, dass dein Pferd das nicht falsch versteht und mit der Hinterhand ausweicht und damit die korrekte Biegungsrichtung verliert.

→ Überprüfe auch beim Zirkel regelmäßig, ob der Magneteffekt noch besteht. Das Zurücklehnen des Oberkörpers soll die gewünschte Vorwärtsbewegung zu jedem Zeitpunkt verbessern.

→ Strebe ruhig mehrfache Wiederholungen an. Wie auch beim Geradeausgehen leitet ein Geraderichten in Biegung das nächste Schulterherein ein.

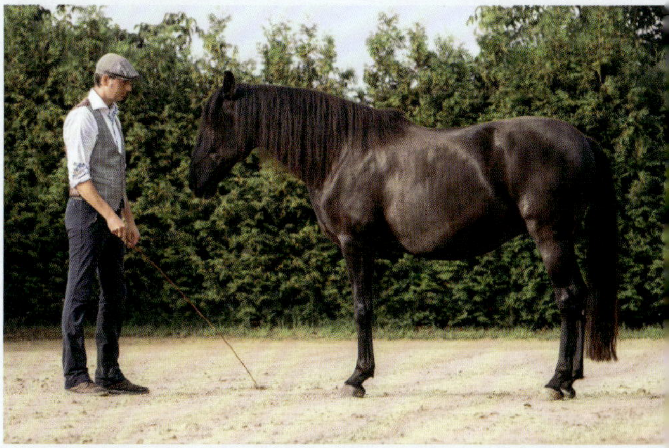

Arbeite schrittweise und in überschaubaren Etappen.

Kleine erreichbare Ziele schenken regelmäßige Erfolgserlebnisse und motivieren.

Durch konsequente Verfolgung kleinerer Ausbildungsabschnitte erreichst du große Erfolge.

01

02

HERAUSFORDERUNGEN MEISTERN – GEWUSST WIE

Positionierung

Wer rückwärts läuft, schaut nicht in die Bewegungsrichtung und kann folglich auch nicht genau schauen, wohin er läuft. Da liegt es nahe, dass es zu Beginn eine Herausforderung sein könnte, beim Rückwärtslaufen eine gerade Linie einzuhalten. Wer das Geradeauslaufen im Schulter herein vermitteln möchte, muss sich mit dem sicheren Rückwärtslaufen in bestimmte Richtungen auseinandersetzen.

→ Lösungsvorschlag

Wer rückwärts läuft, sucht sich eine Orientierungshilfe – beispielsweise die Bande. Nach mehreren Metern kontrollierst du mit einem kurzen Blick in Richtung Bande, ob alles noch passt. Eine weitere Idee und Orientierungshilfe kann das Hallendach sein: Wer in seiner Reithalle zwecks Beregnung eine Wasserleitung auf Höhe der verschiedenen Hufschlaglinien zur Verfügung hat, kann entlang dieser Leitungen überprüfen, ob er noch auf einer geraden Linie läuft. Wenn du es genau wissen möchtest, kannst du dir vorab eine gerade Linie mit der Fußspitze oder der Gerte in den Sand zeichnen und dieser dann folgen. Natürlich kannst du dir auch durch Stangen oder Softgassen eine Linie zurechtlegen. Der Nachteil bei festen Objekten ist der fehlende Raum, in den sich das Pferd hinein bewegen kann. Beim Üben bleiben Fehler nicht aus. Doch auf Fehler wird dein Pferd reagieren, und es benötigt Platz, um gegebenenfalls auszuweichen. Mein Tipp: Übe das richtige Laufen doch auch mal ohne Pferd!

Biegung

Ein Überbiegen/Abbiegen im Halsbereich geschieht schnell. Für eine gymnastizierende Wirkung eines Schulterherein ist der passende Stellungs- und Biegungsgrad wichtig. Es gilt, die richtige Balance zwischen zu wenig und zu viel herauszufinden. Schulterherein wirkt auf das Pferd entspannend und animiert zum vermehrten Stretching. Ein deutliches laterales Flektieren ist die positive Folge. Beim Reiten oder in der Bodenarbeit mit Zaumzeug steht dem Menschen für eine begrenzenden Wirkung das Hilfsmittel Zügel zur Verfügung. Dem gymnastizierenden Freiarbeiter fehlt diese Einwirkungshilfe.

03

04

05

→ **Lösungsvorschlag**

Zu Beginn ist ein Reduzieren der Stellung in Bewegung noch recht anspruchsvoll. Deshalb empfehle ich diese Übung erst einmal im Stehen durchzuführen.

Halte an, wenn das Schulterherein überbogen ist. Verwende die Kappzaumhand, um den Kopf-/Halsbereich in das richtige Maß der Stellung zu bringen und überprüfe gleichzeitig die Losgelassenheit deines Pferdes.

01 *Konzentriere dich zunächst auf den Erhalt deiner eigenen Laufrichtung.*

02 *Danach liegt der Fokus auf dem Pferd.*

03 *Erinnere dich an die Anfangsübungen im Stehen und frage diese zwischendurch ab.*

04 *Achte auf gleichbleibende und konsistente Hilfengebung.*

05 *Achte auf die Korrektheit in der Ausführung und vermeide ein übertriebenes „Am-Schwerpunkt-vorbeiarbeiten".*

Wer in Bewegung bleiben möchte, sollte nur kurze Reprisen Schulterherein erfragen und länger in den geradegerichteten Momenten verbleiben, um die Stellung mit der Kappzaumhand vor dem nächsten Schulterherein deutlich zu reduzieren.

Tempo

Das Schulterherein lebt unter anderem vom Treiben. Deshalb liegt es nahe, dass der Unterschied zwischen der Tempobeschleunigung und dem Vorwärts-Seitwärts-Laufen eine Herausforderung ist. Beim Ausführen eines anfänglichen Schulterhereins während der Freiarbeit könnte dein Pferd fälschlicherweise verstehen, dass es sich eher um ein Steigern der Geschwindigkeit handelt als um ein Seitwärts.

Ein gesundes Vorwärts bezogen auf eine aktive Mitarbeit des Pferdes ist wichtig. Wird die Geschwindigkeit aber zu hoch, ist eine ausbalancierte tragende Arbeit nicht möglich. Also: Es sollte kein Treiben im Sinne von „werde schneller" angestrebt werden, sondern ein Treiben im Sinne von „fuße seitwärts und dabei gerade vorwärts in Richtung Schwerpunkt". Uns ist das klar – aber ist es auch deinem Pferd immer so klar? Schließlich war beim Führtraining die gewünschte Reaktion ein Schnellerwerden! Deshalb gilt es, dass „neue" Treiben geduldig zu erklären.

→ Lösungsvorschlag

Beginne zunächst ohne das Ausführen eines Schulterhereins mit dem Tempo deines Pferdes zu spielen! Mittels deiner Körpersprache kannst du auf die Geschwindigkeit von Schritt, Trab oder Galopp eingehen. Im Kapitel Magneteffekt haben wir bereits über das Heranziehen durch die Körpersprache gesprochen. Wenn du während der folgenden Positionierung ein Zurücklehnen im Oberkörper verdeutlichst, kannst du die Schritte, Tritte oder Sprünge verlängern. Dasselbe muss im Umkehrschluss auch für ein Vorlehnen des Oberkörpers gelten. Wer sich bei der Führ- und Folgearbeit mit dem richtigen Distanzverhalten und der Abgrenzarbeit beschäftigt hat, wird keine Probleme mit der Temporegulierung haben. Probiere es aus und lege mal etwas zu und reduziere danach das Tempo in das Ursprungstempo zurück. Übertreibe nicht und denke an die richtige Gertenführung und rechtzeitige körpersprachliche Ankündigungen. Deine Stimme sollte jederzeit eine hilfreiche Ergänzung sein.

Im Schulterherein die Stellung begrenzen

Denke an das Öffnen der Schulter.

Versuche zunächst, in der Gangart Schritt deine neue Herausforderung auszuprobieren. Dadurch erhältst du mehr Zeit für die Hilfengebung und kannst dich in aller Ruhe mit deinen Füßen, der richtigen Schrittlänge und dem Effekt deines Oberkörpers beschäftigen.
Wer problemlos auf das Tempo seines Pferdes eingehen kann, hat alle restlichen Hilfen frei zur Verfügung, um das Schulterherein bezogen auf Form und Ausführung zu optimieren.

Seitliche Bewegung der Schulter

Dein Pferd verliert die Linie, in der du arbeiten möchtest und weicht in Richtung Bande aus? Besonders deutlich wird das Ausweichen bei der Arbeit auf dem zweiten Hufschlag, der Viertel- oder Mittellinie. Das Ausweichen zur Wand während der Seitwärtshilfe kommt häufig vor. Die Seitwärtshilfe wird in diesem Fall falsch umgesetzt und es fehlt die notwendige Vorwärtsbewegung im Seitwärts, sodass der gesamte Körper deines Pferdes an Stabilität gewinnt.

→ Lösungsvorschlag

Beginne nicht zu voreilig mit der Schulterherein-Hilfe. Ein sicheres Folgen in der Spur des Freiarbeiters ist essenziell für ein erfolgreiches Schulterherein und sollte deshalb auch als wichtige Voraussetzung trainiert werden. Arbeite das Folgen auf allen denkbaren Hufschlaglinien, wie beispielsweise der zweiten, dritten oder vierten Hufschlaglinie, und überprüfe den sicheren Magneteffekt deiner Freiarbeit. Je sicherer deine Körpersprache das Folgen kommuniziert, desto besser kann ein ungewünschtes Ausweichen aus der Einwirkung korrigiert werden. Danach arbeite in drei Schritten zur Verbesserung.
Schritt 1: Gerades Folgen
Schritt 2: Gebogenes Folgen
Schritt 3: Kombiniere

Schritt 1 – Gerades Folgen, ohne Stellung und Biegung auf der Wunschlinie, dein Pferd folgen lassen;
Schritt 2 – Gebogenes Folgen, mit Stellung und Biegung auf der Wunschlinie, dein Pferd folgen lassen;
Schritt 3 – Schultervor, mit Stellung und Biegung das innere Hinterbein um ca. eine Hufbreite neben die Hufspur des inneren Vorderbeins auffußen lassen, um das sichere Folgen im anfänglichen Vorwärts-Seitwärts zu überprüfen.
Außerdem hilft es, die Gerte langsamer in die Seitwärtsposition zu bewegen. Stelle sicher, dass die Gertenspitze auf die Hinterhand zeigt und nicht auf den Bauch oder das Vorderbein. Ein leichtes Zurücklehnen im Oberkörper beim Ausrichten der Gerte ist ebenfalls sehr hilfreich.

Seitliche Bewegung der Kruppe

Eine weitere Herausforderung ist das sichere Bewegen der Hinterhand in verschiedene Richtungen.
Wer mit dem Schulterherein starten möchte, benötigt neben der Schulterführung auch ein Gefühl für seitliches Bewegen der Hinterhand. Wer beides gut beherrscht, wird für zukünftige Herausforderungen beim Ausführen eines Schulterherein bestens vorbereitet sein.

→ Lösungsvorschlag

Folgende Übungsreihe dient dem sicheren Beweglichmachen der Kruppe und der verbesserten Hilfengebung des Freiarbeiters. Kombiniere die Arbeit, welche zuvor im Stehen ausgeführt wurde, mit der bewegenden Arbeit und mache daraus eine Gesamtübung.

1. Laufe geradeaus in Biegung und erarbeite das Schultervor.
2. Steigere die Seitwärtswirkung.
3. Frag ein Anhalten ab.
4. Arbeite im Stehen einen weiteren Schulterherein-Schritt heraus.

KRUPPEHEREIN

Das Kruppeherein nenne ich aus gutem Grund ebenso wie das Schulterherein an erster Stelle. Denn es sind genau diese beiden Lektionen, die ein Geraderichten erst möglich machen. Sicherlich gehört eine ganze Menge mehr dazu, ein Pferd ganzheitlich auszubilden und korrekt in der Geraderichtung zu unterstützen. Dennoch können diese beiden Kernseitengänge zu Recht als wichtige Partner angesehen werden, die in einer guten Beziehung zueinander erarbeitet werden sollten.

DIE HILFEN IM ÜBERBLICK

Körpersprache – Position und Hilfen

- → Die Körpersprache wirkt auch bei diesem Seitengang mit einer folgenden Wirkung ein und sichert somit die Linie, auf der gelaufen wird.
- → Genau diese Wirkung deiner Körpersprache sichert auch beim Kruppeherein das Vorwärts im Seitwärts.
- → Dein gleichmäßiges aufrechtes Laufen erhält die Balance bei dir und deinem Pferd.
- → Dein Oberkörper dreht sich leicht, sodass dein Rücken geringfügig in Richtung Bande zeigt. Damit empfängt dein Pferd ein temporeduzierendes Signal und wird in der Lastaufnahme unterstützt.
- → Dein Blick geht in Richtung Hinterhand, um die gewünschte Reaktion direkt zu überprüfen.
- → Beginne mit der biegenden Hilfe und bestimme damit das äußere Hinterbein.
- → Achte besonders auf deine gleichmäßige Gewichtsverteilung auf beiden Füßen. Wer zu einseitig belastet, läuft in eine ungewollte Richtung und verfälscht damit die Wirkung des Kruppehereins.
- → Deine Füße laufen, trotz der leichten Drehung in Richtung Pferdekopf, weiterhin geradeaus.
- → Beide Schultern sollten auf derselben Höhe ausgerichtet sein. damit ein unbewusstes Einknicken in der Hüfte vermieden wird.
- → Führe alle Bewegungen immer ruhig und gelassen aus, damit dein Pferd bei der Kruppeherein-Entstehung nicht gestört wird.
- → Halte immer genug Abstand zum Pferdekopf, damit das Anheben von Kopf und Halsbereich durch die versammelnde Wirkung erfolgen kann.

Gerte – Position und Hilfen

- → Beginne mit der biegenden Hilfe und bestimme damit das äußere Hinterbein.
- → Die innere schulterführende Hilfe hält die Vorhand davon ab, ebenfalls hereinzukommen und somit auch beide Vorderbeine in der Hufschlaglinie.
- → Führe dazu den Gertenarm und damit auch die Gerte in Richtung der inneren Schulter. Dabei zeigt der Gertenkörper, damit meine ich den seitlichen Bereich der Gerte, auf die innere Seite des Pferdehalses. Damit wird die innere Schulter daran gehindert, sich nach innen hereinzubewegen und die gesamte Vorhand bleibt im Folgen.
- → Der Gertenarm sollte dazu recht nah in Richtung innerer Halsseite gehalten werden.
- → Beim Annähern an die Innenseite des Halses wird die Gerte angehoben und zeigt mit der Spitze über den Pferderücken in Richtung äußeres Hinterbein, um auf die Hinterhand einzuwirken.
- → Es erfolgt ein Heben der Gerte über den Rücken in Richtung äußere Seitwärtshilfe. Das kann mit etwas Übung gleichzeitig mit der inneren schulterführenden Hilfe stattfinden und bildet damit eine diagonal einwirkende Hilfe.
- → Mit der äußeren Seitwärtshilfe wird das äußere Hinterbein in die Schwungrichtung eines Kruppehereins gelockt.

01

02

03

04

011

Zum Film:
Die Kruppe hereinführen

05

01 Eine Hand liegt am Hals und sichert ein ruhiges Stehenbleiben.

02 Die andere Hand führt die Gerte nach oben, über den Rücken und wirkt auf die Hinterhand ein.

03 Reagiert dein Pferd mit einem Schritt auf dich zu, bleibt die Hand am Hals liegen, bis dein Pferd wieder zum Stehen kommt.

04 Auch die Gerte bleibt in der Einwirkung, bis die Übung abgeschlossen ist.

05 Ein Schritt in die richtige Richtung ist bereits ausreichend. Freue dich über jede noch so kleine Reaktion zu Beginn der Ausbildung, und dein Pferd wird dir schnell die gesamte Übung schenken.

☞ SCHRITT FÜR SCHRITT ZUM ZIEL

Kruppeherein im Stehen entwickeln

→ **Positionierung**
Auch für das Kruppeherein kann das grundlegende Verständnis für die verschiedenen Hilfen erfolgreich mit dem stehenden Pferd erarbeitet werden. Dazu stellst du dich erneut in die folgende Position vor das Pferd. Sicheres, entspanntes Stehen ist stets die Devise. Körpersprache und Gerte sollten zu Beginn neutral sein. Begrenze direkt ein frühzeitiges Angehen in die Bewegung oder ein Ausweichen seitlich über die Schulter.

→ **Biegung**
Wer es seinem Pferd „einfach" machen möchte, der erklärt das seitliche Mobilisieren der Hinterhand zunächst isoliert. Damit meine ich das Ansprechen der Kruppe getrennt von weiteren Herausforderungen wie beispielsweise Stellung und Biegung. Koordinativ ist es wesentlich leichter vom Pferd umzusetzen als das große Ganze, und deshalb zu empfehlen.
Aber natürlich möchten wir nach den einfachen Bewegungsabläufen zu den wesentlich effektiveren Bewegungen kommen.
Richte die Gerte in Richtung Gurtlage aus und führe zuerst eine biegende Hilfe aus. Besonders das Kruppeherein verlangt vom Pferd eine gute Körperbeherrschung und gesteigerte Koordi-

01

02

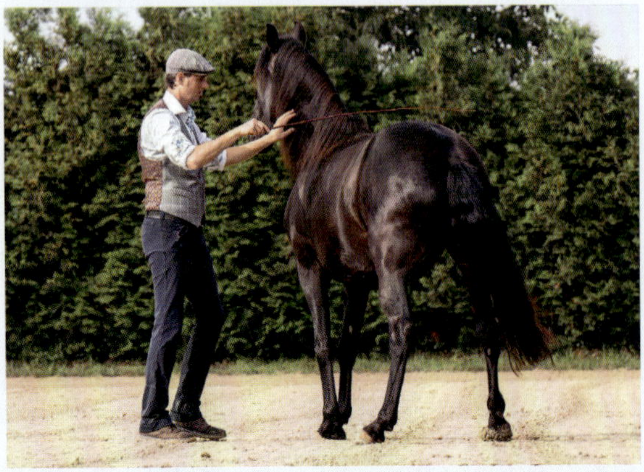

05

06

nationsfähigkeit. Während das Schulterherein eine lösende und damit auch biegende Wirkung hat, zeigt sich bei der anfänglichen Kruppeherein-Ausführung häufig der Wunsch nach einer Konterstellung. Beim richtig ausgeführten Kruppeherein sollte dein Pferd stets in die Bewegungsrichtung schauen und somit in einer sicheren Innenstellung verbleiben.

→ **Seitliche Bewegung der Schulter**
Die innere schulterführende Hilfe ist auch bei der Ausführung eines Kruppehereins sinnvoll. Dadurch wird ein seitlicher Ausfallschritt des inneren Vorderbeines verhindert, der schnell zustande kommt. In den Anfängen ist es für das Pferd schwer zu verstehen, dass es einen Unterschied zwischen Hinterhand hereinstellen und gesamten Körper hereinführen gibt. Wie bei allen Seitengängen ist die sichere Schulterführung eine wichtige Voraussetzung für den Erfolg.

→ **Seitliche Bewegung der Kruppe**
Hebe dann die Gerte in Richtung Hinterhand, um die äußere Seitwärtshilfe auszuführen. Denke daran, dass sich der Oberkörper nicht zu stark in Richtung Hinterhand vorlehnt. Die gesamte Vorwärtsbewegung und die Kopf-Hals-Freiheit wird durch zu intensives Vorlehnen

03

04

07

01 – 03
Zum besseren Verständnis zeige ich euch das Kruppeherein in dieser Bilderreihe aus der seitlichen Perspektive.

04 – 06
Die Hand an der Seite des Halses bleibt ruhig liegen, während die Gertenhilfe über den Rücken zeigt.

07
Lass dein Pferd nach jeder richtigen Antwort deine Freude spüren.

sehr eingrenzt. Im Kruppeherein wird sich die Kopf-Hals-Achse heben, dafür musst du entsprechend Raum schaffen. Die Gerte kann auch Luftbewegungen (auf und ab) in Richtung Hinterhand ausführen, um die Hilfe zu intensivieren und einen verbesserten seitlichen Schritt des äußeren Hinterbeins in Richtung Schwerpunkt abzurufen.
Diese Übung zielt darauf ab, dass sich nur die beiden Hinterfüße seitlich und im Idealfall nach vorne bewegen. Die Vorderfüße sollten dabei stehen bleiben. Die Position vor dem Pferd kann durch diese Körpersprache und Präsenz ein vorzeitiges Angehen vermeiden.

→ **Langsames Vorwärtsführen**
Wird deine Hilfe ohne Schwierigkeiten umgesetzt, ist der richtige Zeitpunkt für ein Angehen im Kruppeherein gekommen. Der zusätzliche Einsatz der Stimme wird dabei eine großartige Unterstützung sein.

TRAININGSTIPP

Wer das Kruppeherein im Stehen entwickeln möchte, findet schnell heraus, wie anspruchsvoll das Ansprechen von einzelnen Körperzonen für beide Parteien ist. Bei deinen ersten Versuchen wirst du vielleicht bemerken, dass die Kruppe immer nur in Zusammenarbeit mit den Vorderfüßen nach innen hereinkommen möchte. In den meisten Fällen wird das Ganze zusätzlich mit Bewegung nach vorne zur Balancefindung kombiniert.
Als Hilfestellung sind zwei Dinge besonders wichtig:

1. Stell dich neben dein stehendes Pferd.
2. Leg deine flache Hand mit leichtem Druck in die Mitte des Pferdehalses.

Diese beiden Hilfestellungen reichen meistens für eine deutliche Verbesserung im Körperbewusstsein deines Pferdes aus.

Kruppeherein in der Bewegung entwickeln

Wenn du auf der geraden Linie (Ganze Bahn) beginnen möchtest, empfehle ich folgende Übungsreihe:

→ Zuerst die Wegführung! Lass dein Pferd in der gewünschten Gangart mit dem passenden Tempo folgen.

→ Beginne zuerst mit der biegenden Hilfe und frage dein Pferd, ob es gebogen geradeaus gehen kann.

→ Als anfängliche Hilfestellung solltest du das Öffnen der Schulter nach innen herein, wie bei der Ausführung eines Schulterhereins, ausführen. Führe beide Schultern Richtung Bahnmitte, um sie anschließend wieder herauszuleiten.
Es geht um das Beweglichmachen der Schultern und um das Überprüfen der Losgelassenheit. Das Öffnen der Schulter nach innen herein hast du bereits für das Schulterherein geübt und es sollte kein Problem mehr darstellen.
Nach dem Einladen der Vorhand nach innen, erfolgt das Rausleiten über die innere schulterführende Gertenhilfe. Ziel ist der zuvor gewählte Hufschlag. Die beiden Hinterfüße bleiben weiterhin auf der gelaufenen Linie. Das gelingt nur, wenn Stellung und Biegung ebenfalls erhalten bleiben, da ansonsten die Hinterhand ausweicht. Um das sicherzustellen, sollte das Öffnen der Schulter nicht zu intensiv ausgeführt werden.

→ Ist das Beweglichmachen der Vorhand erfolgreich gewesen, kann die Seitwärtshilfe ergänzt werden. Nun ist es notwendig, dass beide Vorderbeine gleichmäßig gerade folgen.
Jetzt ist der Moment gekommen, um der Hinterhand die Seitwärtsinformation zu vermitteln. Die innere Hüfte deines Pferdes sollte sich im Idealfall leicht in Richtung Bahnmitte platzieren. Dadurch findet der äußere Hinterhuf seinen Weg unter den Körper. Das Unter-den-Körperfußen sichert die Lastaufnahme.

- Überprüfe regelmäßig, ob der Magneteffekt noch besteht. Ein Zurücklehnen des Oberkörpers sollte die Vorwärtsbewegung zu jedem Zeitpunkt verbessern.
- Gelingt das Kruppeherein, so sollte es auch hier auf der Geraden mehrfach hintereinander abverlangt werden. Um wiederholt einen kurzen Moment dieser Lektion einzufordern, ist das Geraderichten dazwischen notwendig. Bedenke: Qualität vor Quantität. Zu Beginn ist ein gut ausgeführtes Kruppeherein wichtiger als eine mehrfache Wiederholung.

Wenn du auf der Zirkellinie beginnen möchtest, empfehle ich folgende Übungsreihe:

- Auch hierbei gilt: zuerst die Wegführung! Lass dein Pferd in der gewünschten Gangart mit dem passenden Tempo folgen.
- Die Zirkellinie animiert in der Regel direkt zu einer Stellung und Biegung und muss mit nur wenig biegender Hilfe eingefordert werden.
- Wer auf dem Zirkel das Kruppeherein ausbilden möchte, muss sich im Klaren sein, dass ein Ausweichen aus der Hilfe heraus besonders schnell entstehen kann. Das ausbalancierte Vorwärts-Seitwärts liegt dabei im Fokus und ist elementar für ein sicheres Folgen bei der gymnastizierenden Freiarbeit. Ein Zirkel mit deutlichem Abstand zur Wand kann in den Anfängen auch frustrierend sein, weil die Hinterhand oder der gesamte Pferdekörper schnell zum Ausweichen verleitet wird. Das macht die Hilfengebung zu Beginn schwierig und für den Menschen zu einer recht anspruchsvollen Übung. Keine Sorge, das passiert nur, wenn die Hilfe noch nicht richtig verstanden ist oder zu früh mit der gebogenen Linie begonnen wird. Bei guter Vorbereitung sind du und dein Pferd bestens auf dem Zirkel aufgehoben.

Achte auf eine sichere und ausbalancierte Wegführung im Kruppeherein.

- Als inneres Bild hilft es sich vorzustellen, dass nicht die gesamte Hinterhand nach innen geführt werden muss, sondern nur der äußere Hinterfuß. Eine halbe bis ganze Hufbreite ist schon ein Erfolg und sollte zu Beginn auch anerkannt werden. Das „Mehr" entsteht meistens von allein.
- Überprüfe regelmäßig, ob der Magneteffekt noch besteht. Ein Zurücklehnen des Oberkörpers sollte die gewünschte Vorwärtsbewegung zu jedem Zeitpunkt verbessern.
- Auch auf der Zirkellinie können mehrfach Wiederholungen angestrebt werden. Wie auch beim Geradeausgehen sollte ein Geraderichten in Biegung das nächste Kruppeherein einleiten.

HERAUSFORDERUNGEN MEISTERN – GEWUSST WIE

Positionierung

Sobald sich für das Kruppeherein der Gertenarm anhebt, um mit der Gertenhilfe die Hinterhand zum Seitwärtsbewegen zu animieren, verliert der Mensch schnell die Aufrichtung in seiner Körperhaltung und damit auch in der Positionierung. Achte darauf, dass du mit deiner Hüfte nicht einknickst. Damit meine ich ein seitliches Schiefstellen des Oberkörpers, wobei im Lendenbereich ein Lehnen beispielsweise in Richtung Bande entsteht. Wie auch beim Reiten hat jegliche Schiefe in der eigenen Körperhaltung zur Folge, dass sich dein Pferd nicht wohlfühlt.

Kimme und Korn! Der Kopf des Menschen ist bei sicherem Folgen zwischen den Ohren des Pferdes zu sehen.

→ Lösungsvorschlag

Konzentriere dich auf das Anheben der Gerte. Das hört sich banal an, ist aber in den meisten Fällen die Ursache. Es kommen so viele Sachen gleichzeitig auf einen zu, da wird die Technik, mit der die Gerte verwendet wird, nicht ausreichend beachtet. Fühle in deinen Körper hinein, was alles passiert, und stufe in drei Schritten das Bewegen der Gerte ein.

Schritt 1: Heben der Gertenspitze aus dem Handgelenk

Schritt 2: Heben der Gerte aus dem Unterarm heraus

Schritt 3: Heben der Gerte aus dem Oberarm heraus

Bei diesen Körperbewusstseins-Übungen wird dir schnell bewusst, welche Vorgehensweise Probleme bereitet und was dir persönlich besser liegt.

Biegung

Verlierst du Stellung und Biegung bei der Erarbeitung des Kruppehereins? Kruppeherein ist nicht nur für den Menschen anspruchsvoll. Auch unseren Pferden fällt die Ausführung schwer und deshalb bieten sie oft – vor allem zu Beginn – ein Umstellen an, um den vermeintlich einfacheren Weg zu gehen: Sobald sich die Hinterhand seitlich versetzt, geht die Stellung des Kopfes in die entgegengesetzte Richtung. Ein Schenkelweichen ist die Folge, das sich aber vom Kruppeherein in vielerlei Hinsicht deutlich unterscheidet!

→ Lösungsvorschlag

Stelle sicher, dass du noch nicht zu viel verlangst. Ein häufiger Grund für Biegungsverlust ist das zu starke Hereinarbeiten der Hinterhand. Fußen beide Hinterfüße am Schwerpunkt vorbei oder ist die Seitwärtsbewegung im Kruppeherein koordinativ noch zu schwer für das Pferd, geht es direkt in eine Konterstellung. Wie immer gilt: Weniger ist mehr!
Eine weitere besonders gute und leicht verständliche Übung ist das Lösen im Stehen. Führe das Kruppeherein so lange aus, bis es zu dem Moment der Umstellung kommt. Das kann direkt zu Beginn der Hilfe oder erst nach einigen Metern Kruppeherein sein. Ganz unabhängig, zu welchem Zeitpunkt das Umstellen entsteht, sollte zur Verbesserung ein Durchparieren zum Anhalten kommuniziert werden. Darauf folgt das seitliche Lösen über die biegende Hilfe im Stehen.
Gehe erneut an, sobald sich wieder die richtige Form für das Kruppeherein entwickelt hat. Bei diesem Lösungsansatz wird klar, warum die ersten Grundübungen im Stehen ausgeführt wurden. Grundlagentraining wird auch immer wieder in der fortgeschrittenen Entwicklung notwendig und wichtig sein.
Ein weiterer Lösungsansatz ist das Ausführen einer Volte, bevor das Kruppeherein gearbeitet wird. Dabei führst du das Pferd beispielsweise an der langen Seite in eine Volte und nutzt den positiven Effekt der gebogenen Linie, um die Biegung zu sichern. Am Ende der Volte, wenn du am Hufschlag ankommst, ist der passende Zeitpunkt für ein Kruppeherein gekommen.

Tempo

Wird dein Pferd immer langsamer durch die versammelnde Wirkung des Kruppehereins? Oder wechselt es ständig die Geschwindigkeit vom Arbeitstempo zum langsamen Laufen und zurück in das Arbeitstempo? Dann musst du unverzüglich handeln, damit sich kein falsches Bild vom Vorwärts-Seitwärts entwickelt.

→ Lösungsvorschlag

Die erste Reaktion des Freiarbeiters bezogen auf ein ungewünschtes langsames Laufen des Pferdes wäre das Treiben. Doch zu Beginn wirkt das häufig frustrierend und bringt Folgeprobleme mit sich. Deshalb ist meine Empfehlung: Wähle die nächsthöhere Gangart als Lösung.
Schauen wir uns ein Beispiel an:
Während der Kruppehereinbewegung im Schritt wird dein Pferd immer langsamer. Als Reaktion darauf machst du einen Übergang in den Trab anstelle von schnelleren Schritten. Dazu wird das Kruppeherein beendet, das Pferd geradegerichtet und angetrabt. Im Anschluss folgt ein Übergang zum Schritt und die ursprüngliche Kruppeherein-Idee wird weiter fortgesetzt. Dadurch hast du etwas Frische in dein Training gebracht und im Idealfall auch eine aktivere Hinterhand bewirkt, die sich positiv auf die Gangart Schritt auswirkt. Das einmalige Antraben ist nicht immer ein Garant für mehr Fleiß. Also hab Freude an der Bewegung mit deinem Pferd und mache ein paar Übergänge hintereinander, um den gewünschten Effekt zu erzielen.

Seitliche Bewegung der Schulter

Stützt sich dein Pferd auf die innere Schulter ab und drängt sich nach innen in Richtung Bahnmitte vor dein Sichtfeld, so ist das meistens auf fehlende Stellung und Balance zurückzuführen.

→ Lösungsvorschlag

Ein einfaches Ausführen der einzelnen Hilfen ohne die Erwartungshaltung „Kruppe muss hereinkommen“ kann sehr hilfreich sein. Dein Pferd lernt dabei, das Gleichgewicht im Folgen und die Stellung trotz erhobener Gerte und leicht gedrehter Schulter

TRAININGSTIPP

Besonders das Gleichgewicht des Pferdes leidet unter falsch verstandenen Seitengängen. Bei der Freiarbeit wird das sehr deutlich. Wer sein Pferd zu unphysiologischen Bewegungen animiert oder im schlimmsten Falle drängt, wird die Verbindung verlieren. Ein Pferd, welches sich „frei" bewegen kann, entscheidet sich schnell gegen eine Anti-Lektion, die den Bewegungsablauf eher stört als ihn verbessert. Als logische Konsequenz entfernt sich das Pferd aus dem Wirkungsbereich des Freiarbeiters oder läuft in einer schnellen Gangart davon. Deshalb gilt es, das individuelle Seitwärts deines Pferdes zu finden, in dem es sich zum derzeitigen Ausbildungsstand auch wohlfühlt und in seiner Bewegung verbessert.

Richtung Kopf aufrechtzuhalten. Das Ausweichen zur Wand bei der Seitwärtsbewegung ist auch im Kruppeherein möglich. „Kommt das Heck nach innen, läuft der Bug nach außen."

Mein Tipp: Nimm eine zweite Gerte dazu. Dadurch wirst du in die Lage versetzt, der Vorhand eine stabile Linie zu vermitteln, während die äußere Seitwärtshilfe das Kruppeherein ausführt. Ein leichtes Zurücklehnen im Oberkörper beim Ausrichten der Gerte ist ebenfalls sehr hilfreich.

Bei der Seitwärtshilfe entsteht auch häufig ein Ausweichen Richtung Bahnmitte. Durch das Heben der Gerte und die Biegungsrichtung zur Bahnmitte wird dem Pferd ein komplettes Abwenden logisch erscheinen. Hier kann die diagonale Hilfengebung unterstützen. Die Gerte als innere schulterführende Hilfe sollte jederzeit bereit sein, ein zu starkes Abwenden nach innen zu kontrollieren. Übungen wie das Schulterherein- und -herausführen in Form eines Zirkelverkleinerns und -vergrößerns verbessern das Verständnis deutlich.

Ein Kruppevor ist ebenfalls eine geeignete Lösung, wenn die Hinterhand die Vorhand noch nicht auf der Linie ausrichten kann.

Seitliche Bewegung der Kruppe

Eine Schwierigkeit beim Kruppeherein ist das richtige Maß an Seitwärts zu finden. Es gibt einen großen Unterschied zwischen einer vorwärts-seitwärts geführten Hinterhand im klassischen Sinne und dem Ausweichen der Hinterhand aus dem Hilfenrahmen des Freiarbeiters heraus. Es gibt aber auch ein „zu wenig" seitwärts, was wiederum falsche Bewegungsmuster auslösen könnte. Für den Anfänger ist es nicht ein-

Ein energisches Vorwärts ist ein wichtiges Gut, welches es zu erhalten gilt.

fach zu erkennen, um welche Art Seitwärts es sich gerade handelt.
Wer sich rückwärts vor dem Pferd bewegt hat den großen Vorteil der Blickkontrolle. Ein Blick in Richtung Hinterhand kann schnell Aufschluss geben über die Qualität der Seitwärtsbewegung. Ein starkes Kreuzen der Beine sowie das breite an der Körpermasse Vorbeilaufen beider Hinterbeine sind eher unerwünscht und für viele Pferde auch mit starken Koordinationsproblemen behaftet. Genauso unerwünscht ist ein angetäuschtes Seitwärts beim Abfußen des Hinterbeines, das sich beim Auffußen plötzlich als Geradeauslaufen entpuppt.

→ Lösungsvorschlag

Häufig reagieren unsere Pferde schneller als wir glauben. Damit möchte ich zum Ausdruck bringen, dass der Gedanke an eine Lektion und die dazugehörige Vorbereitung von einem aufmerksamen Pferd bereits in ein Kruppeherein umgesetzt werden. Deshalb sollte man genau hinschauen, ob alle Ankündigungen bereits ein unbewusstes Kruppeherein ausgelöst haben. Ist das der Fall, hätte das erneute Ausführen einer Kruppeherein-Hilfe ein zu starkes Seitwärts zur Folge. Somit liegt die Lösung im aufmerksamen Beobachten vor und nach der ausgeführten Hilfe. Reagiert das Pferd bereits auf kleinste Anweisungen, benötigt es keine deutlich auffordernde Hilfe mehr.
Findet dein Pferd beim Kruppeherein in einen ausbalancierten Gang, so findet sich der Kopf des Freiarbeiters zwischen den Pferdeohren wieder, sofern rückwärts vor dem Pferd hergelaufen wird. Ähnlich wie „Kimme und Korn" verhält sich die Ausrichtung zum Pferd.

Auch beim Renvers ist das sichere Folgen wichtig.

RENVERS

Das Renvers ist, einfach erklärt, ein Konter-Kruppeherein. Somit gehört es zur „Familie Travers“, da Balance, Schwung- und Bewegungsrichtung gleich sind und sich somit von der Schulterherein-Ausrichtung unterscheiden.
In meinem Unterricht erlebe ich immer wieder, dass besonders das Renvers einen großen Knoten im Kopf des Reiters, Bodenarbeiters und somit auch Freiarbeiters auslöst. So leicht sich meine kurze Definition des Renvers liest, ist es dann in der praktischen Ausführung leider nicht. Biegungsrichtung, Bewegungsrichtung von Vorhand und Hinterhand sowie das richtige Wenden und Orientieren in der Reitbahn gehören zu den großen Herausforderungen eines jeden Ausführenden. Das soll dich aber nicht davon abhalten, die volle Wirkung des Renvers mit der Zeit für dich und dein Pferd zu gewinnen.
Das Renvers ist in der Hilfengebung ähnlich wie das Kruppeherein. Dennoch beschreibe ich das Renvers separat, da sich manche Dinge verändern. Für den Erfolg der Übung ist außerdem eine gute Orientierung in der Reitbahn notwendig.

DIE HILFEN IM ÜBERBLICK

Körpersprache – Position und Hilfen

→ Die folgende Körperposition vor dem Pferd sichert die Linie, auf der gelaufen wird, und wirkt sich ebenso positiv auf das Vorwärts im Seitwärtsgehen aus wie auf die Balance des Pferdes.

→ Dein Oberkörper dreht sich leicht, sodass deine Schulter sich dem äußeren Ohr deines Pferdes annähert, wie es auch beim Kruppeherein der Fall ist.

→ Deine Füße laufen weiterhin geradeaus, trotz der leichten Schulterdrehung in Richtung äußeres Ohr.

→ Dein Blick geht in Richtung Hinterhand, um die gewünschte Reaktion direkt zu überprüfen.

→ Beginne damit, den Gertenarm in Richtung Gurtlage zu positionieren, um die biegende Hilfe zu vermitteln und die Biegungsrichtung des äußeren Hinterbeins vorzugeben.

→ Hebe deinen Arm, der die Gerte hält, nach oben und vermittle die äußere Seitwärtshilfe, damit das äußere Hinterbein in die Schwungrichtung eines Renvers arbeitet.

→ Hebe den Arm nicht zu hoch, damit die innere schulterführende Hilfe die Vorhand davon abhält, ebenfalls in dieselbe Richtung zu laufen.

→ Der Gertenarm sollte recht nah in Richtung innere Schulter gehalten werden.

→ Beachte beim Heben des Armes, dass sich dein Pferd durch schnelle Bewegungen nicht erschrickt und keine Einschränkungen im Kopfbereich bekommt. Ist der Arm beispielsweise zu nah am Auge, wird sich dein Pferd verspannen und der Übung entziehen wollen.

→ Bedenke, dass die Biegungsrichtung das Innen und Außen bestimmt. Bei einem zur Wand hin gebogenen Renvers liegt auch die Innenseite zur Wandseite.

Gerte – Position und Hilfen

→ Beginne auch beim Renvers mit der biegenden Hilfe. Zeige mit der Gertenspitze in Richtung Gurtlage und überprüfe die Reaktion deines Pferdes.

→ Da ein Renvers auch als Kruppeheraus bezeichnet werden kann, muss die Gerte angehoben werden, um mit der Spitze über den Pferderücken in Richtung äußeres Hinterbein zu zeigen. Möchtest du zum besseren Verständnis dein Pferd mit der Gertenspitze berühren, empfehle ich die äußere Lendenregion.

→ Die gehobene Gertenspitze in Richtung Außenseite der Hinterhand bildet die äußere Seitwärtshilfe und leitet das äußere Hinterbein in die Schwungrichtung des Renvers.

→ Der Gertenkörper/-schaft zeigt auf die innere Seite des Halses. Damit wird die innere Schulter ausgerichtet und die gesamte Vorhand bleibt im Folgen.

→ Das Ausrichten der Gerte neben der inneren Halsseite sowie das Positionieren der Gertenspitze über den Rücken in Richtung äußere Seitwärtshilfe kann gleichzeitig stattfinden und bildet damit eine diagonal einwirkende Hilfe. Diagonale Hilfen unterstützen das Pferd gleichzeitig oder in Wechselwirkung.

Renvers im Stehen entwickeln

→ **Positionierung**
Beginne damit, das Pferd korrekt auszurichten, indem du es entlang einer Bande oder einer Wand positionierst. Entlang der Bande, aber nicht in direkter Nähe zur Bande – dein Pferd benötigt Platz, um mit den einzelnen Körperbereichen beweglich zu sein. Der zweite oder besser dritte Hufschlag ist gut. Bleib so geschickt stehen, dass die Vorhand deines Pferdes leicht von der Wand weg ausgerichtet ist, während die Kruppe näher zur Wand zeigt.
Stelle dich wieder in die folgende Position vor das Pferd. Sicheres, entspanntes Stehen ist stets die Devise. Neutrale Körpersprache und Gerte vermitteln ein abwartendes Stehen ohne ausweichen.

→ **Biegung**
Arbeite daran, die korrekte Biegung des Pferdes zu erreichen. Das Pferd sollte um den inneren Biegeimpuls deiner Freiarbeiterhilfe gebogen werden, mit dem Kopf leicht zur Bande gewandt. Dabei fällt zu Beginn etwas mehr Last auf das innere Vorderbein, das wird im nächsten Schritt wieder ausgeglichen.

→ **Seitliche Bewegung der Schulter**
Verwende die innere schulterführende Hilfe, um das Gewicht vom inneren Vorderbein in Richtung äußeres Vorderbein zu verteilen und somit eine bessere Gleichgewichtsverteilung zu schaffen.

→ **Seitliche Bewegung der Kruppe**
Führe die Kruppe mit Hilfe der äußeren Seitwärtshilfe leicht zur Wand. Wie auch

Eine konstante Biegung ist Voraussetzung für das Renvers.

bei der Kruppehereinübung im Stehen sollten sich die Hinterbeine seitlich nach vorne bewegen. Ein Bewegen des gesamten Pferdes in die Schrittbewegung ist zu diesem Zeitpunkt noch nicht erwünscht.

→ **Langsames Vorwärtsführen**
Sobald das Pferd die Hilfen, Form und Übung im Stand versteht, kannst du damit beginnen, wenige kleine Schritte in dieser Position zu machen, wobei du darauf achtest, dass das Pferd die Stellung und Biegung beibehält.

Renvers in der Bewegung entwickeln

Wenn du auf der geraden Linie (Ganze Bahn) beginnen möchtest, empfehle ich folgende Übungsreihe:

→ Lass dein Pferd „Ganze Bahn" auf gerader Linie folgen und entscheide dich für den zweiten Hufschlag.
→ Beginne auf der linken Hand, sodass die linke Seite innen und die rechte Seite außen ist.
→ Sobald du von der kurzen Seite durch die Ecke gelaufen bist, erarbeite dir eine Biegung nach rechts in Richtung Bande.
→ Ab jetzt ist die rechte Seite innen und die linke Körperseite deines Pferdes die äußere.
→ Eine konstante Biegung ist Voraussetzung. Häufig kann das Umstellen in Richtung Wand bereits eine Herausforderung sein.
→ Bei richtiger Biegung führe ein Anhalten aus. Unmittelbar nach dem Stopp wird die Kruppe in eine Renvers-Bewegung aufgefordert und direkt wieder im Schritt angegangen.
→ Nach wenigen Schritten vorwärts folgt das erneute Anhalten, um die Aufmerksamkeit und die Tempokontrolle sicherzustellen. Häufige Stopps regulieren das Tempo automatisch.
→ Wie immer muss es nicht das große Ganze sein. Erfreue dich an kleinen Erfolgen, wie einen kurzen Moment, in dem sich die Hinterhand in die Renvers-Richtung bewegt hat.

Wenn du mit Hilfe der Traversale das Renvers erarbeiten möchtest, empfehle ich folgende Übungsreihe:

→ Wer sich bereits im Travers sicher bewegen kann und bei konstanter Biegung auf unterschiedlichen geraden Linien und Wendungen unterwegs ist, kann das Renvers auch mittels der Traversale über eine Diagonale der Reitbahn entwickeln.
→ Starte auf deiner Lieblingshand, auf der Kruppeherein am besten funktioniert. Nehmen wir an, die rechte Hand ist besonders gut! Beginne auf der rechten Hand gebogen auf gerader Linie entlang der Bande mit einem Kruppeherein.
→ Halte die Übung durch die Ecke hindurch aufrecht und achte dabei auf ein Gleichmaß von Tempo, Takt und Abstellung.
→ Wende aus der Ecke kehrt mit einem Durchmesser von 10 Metern, ohne dabei das Kruppeherein auszusetzen.
→ Auf der Diagonalen in Richtung der langen Seite bleibt die äußere Seitwärtshilfe konstant erhalten, um eine Traversale bis zum Erreichen der zweiten Hufschlaglinie sicherzustellen.
→ Angekommen am zweiten Hufschlag wird die innere Schulter in die Gerade der zweiten Hufschlaglinie ausgerichtet, durch die innere schulterführende Hilfe.
→ Bei konstanter Biegung wird die Kruppe die Vorhand überholen und leitet damit die Renvers-Bewegung ein.
→ Jetzt folgt ein kontinuierliches Geradeauslaufen auf derselben Strecke, die zuvor im Kruppeherein vorbereitet wurde, bis ein freudiges Loben die Übungssequenz beendet.

01

02

03

01 Wende aus der Ecke kehrt mit einem Durchmesser von zehn Metern. Dabei kann dein Pferd sich bereits im Travers bewegen.

02 Auf der diagonalen Linie in Richtung lange Seite wird eine Traversale zurück in Richtung zweiten Hufschlag ausgeführt.

03 Am zweiten Hufschlag angekommen darf die Kruppe die Vorhand überholen. Dadurch wird die Bewegung zum Renvers.

04 Jetzt folgt ein kontinuierliches Geradeauslaufen, bei dem das Renvers geübt wird. Richte vor der nächsten Ecke gerader oder wende (bei fortschreitender Ausbildung) im Renvers durch die Ecke.

05 Starte bei den ersten Versuchen auf deiner Lieblingshand.

04

05

HERAUSFORDERUNGEN MEISTERN – GEWUSST WIE

Positionierung

Wer Renvers übt, bekommt zu Beginn häufig Knoten im Kopf... Eine Renvers-Lektion schafft oft Verwirrung mit links und rechts in Bezug auf Biegung und Richtung, und das unabhängig davon, ob in einer folgenden oder führenden Position gearbeitet wird. Dabei ist das sichere und schnelle Entscheiden von Richtungen für eine erfolgreiche Ausführung essenziell.

→ Lösungsvorschlag

Wenn du lernen möchtest, dich in deiner Position besser zu orientieren, dann setze dich mit dem Umbiegen auf unterschiedlichen Linien auseinander. Dabei beziehe ich mich nicht auf einzelne Biegungswechsel, die durch den Handwechsel entstehen, sondern auf einen bewussten Wechsel der Biegungsrichtung auf gerader Strecke mit häufiger Wiederholung nach nur wenigen Schritten. Ganz nebenbei steigert es die Flexibilität und auch die Reaktionsgeschwindigkeit von dir und deinem Pferd.

Biegung

Renvers ist häufig ein Garant für mehr Biegsamkeit. Bewegst du dich gemeinsam mit deinem Pferd im Renvers durch die Bahn, so möchte es dir häufig durch übertriebenes Biegen gefallen. Doch was passiert, wenn zuvor bereits 100% ausreichende Biegung vorhanden ist? Es folgt schnell ein Zuviel an Biegung, daraus entsteht das überbogene Pferd. Ein seitliches Abbiegen in der Halswirbelsäule bringt weitere Probleme mit sich, die eine richtige Ausführung unmöglich machen.

→ Lösungsvorschlag

Um der Überbiegung bei der Freiarbeit „Herr zu werden", hilft die Kappzaumhand. Bewege deine Hand langsam in Richtung Nasenrücken und wirke mit der Kappzaumhand gegen die extreme Kopfausrichtung ein. Schnell wirst du merken, ob der Kopf sich leicht und widerstandslos bewegen lässt oder ob Spannungen zu spüren sind. Kannst du problemlos die Stellung reduzieren, verbleib noch ein paar Schritte mit der Kappzaumhand in der Einwirkung, bevor du dein Pferd auf Ehrenwort im Renvers weiterlaufen lässt. Spürst du großen Widerstand, der ein Reduzieren der Stellung nicht möglich macht, muss die Kappzaumhand im Stehen zur Wirkung kommen.

Tempo

Das Renvers hat unter anderem eine versammelnde Wirkung und löst diese Aufgabe auf hervorragende Weise. Doch schnell kommt es zu einer verhaltenen Ausführung, besonders auf längeren Strecken. Wenn anstelle der Lastaufnahme nur ein „Langmachen" im Körper entsteht und damit verbunden ein Herausstellen der Hinterbeine aus der Masse heraus erfolgt, bricht die Verbindung und damit der Magneteffekt zum Menschen ab. Folglich entsteht eine deutliche Verlangsamung der Bewegungsabläufe, die sich schnell auch triebig anfühlen.

→ Lösungsvorschlag

Übergänge sind eine großartige Abwechslung im Freiarbeitsprogramm und dienen gleichzeitig als Heilmittel für verhaltene Bewegungen. Bevor dein Pferd sich deutlich im Tempo verlangsamt, sollte ein Geraderichten und das damit verbundene Entlassen aus der Renvers-Bewegung erfolgen. Unmittelbar danach führst du einen Übergang vom Schritt in den Trab aus. Kurz bevor du wieder in den Schritt durchparieren möchtest, entwickle ein kurzes Zulegen im Trab. Das macht aufmerksam und hält wach! Zurück im Schritt angekommen, führe das Renvers weiter. Wiederhole diese Übergänge, bis sich die gewünschte Frische im Tempo beim Renvers zeigt.

Loben, loben und loben

Seitliche Bewegung der Schulter

Wer ein erfolgreiches Renvers ausführen möchte, kommt an einer sorgfältigen Beobachtung nicht vorbei. Die fehlende Zügel- oder Schenkelhilfe bei der gymnastizierenden Freiarbeit macht ein Ausbalancieren und sicheres Einrahmen zu einer Herausforderung. Deshalb entsteht schnell ein seitliches Ausweichen der Vorhand nach außen von der Biegungsrichtung weg. Biegst du beim Renvers dein Pferd beispielsweise zur Wand hin, arbeitest du die Kruppe zur Bande und die Schulter richtet sich weg von der Bande. Dabei neigt das Pferd dazu, in Richtung der Bewegung über die äußere Schulter auszubrechen. Das „Über die äußere Schulter Ausbrechen" ist ein häufiges Problem, besonders wenn bei der Grundlagenarbeit nicht richtig auf die notwendigen Hilfen und deren festes Etablieren geachtet wurde.

→ Lösungsvorschlag

Technisch gesehen besteht jederzeit die Möglichkeit, über die äußere schulterführende Hilfe oder mit der inneren öffnenden Schulterhilfe das Pferd mit beiden Schultern und Vorderbeinen wieder auszurichten. Besonders effektiv ist ein Wechsel zwischen der Übung Schulterherein und dem Renvers. Wer im Moment der Renvers-Problematik sein Pferd umbiegt in Richtung Schulterherein und danach das Renvers erneut startet, wird den Effekt schnell bemerken. Im Schulterherein kannst du dich einfacher auf das Ausrichten der inneren Schulter konzentrieren, da diese im Moment des Renvers zur äußeren Schulter wird.

Seitliche Bewegung der Kruppe

Wenn du bereits ein sicheres und ausbalanciertes Kruppeherein bei der Freiarbeit entwickelt hast, wirst du es in puncto Kruppenausrichtung während der Renvers-Bewegung recht leicht haben. Doch eine Sache wird sich zu Beginn deutlich unterscheiden und damit eine zu überwindende Hürde darstellen: Renvers auf gerader Linie ist von der koordinativen Fähigkeit her dem Kruppeherein recht ähnlich. Sobald das Renvers auf gebogener Linie (wie beispielsweise einer Ecke) ausgeführt wird, kommt es zu den ersten großen Herausforderungen. Häufig wird die Ausführung einer Ecke das Renvers schleichend beenden.

„Schleichend" heißt, dass der Freiarbeiter das vorzeitige Beenden in vielen Fällen nicht bemerkt oder erst zu einem späteren Zeitpunkt wahrnimmt, weil die allgemeine Form sich kaum verändert.
Für die gebogene Linie im Renvers muss dir klar sein, dass die Hinterbeine einen weiteren Weg beschreiten müssen als die Vorderbeine. Genau das macht es zu einer Herausforderung! Jedes Pferd wird verführt, mit der Hinterhand denselben (kleineren Weg) einzuschlagen, den die Vorhand vorgibt ... Damit richtet sich das Pferd schleichend gerade und der gymnastizierende Effekt verpufft.

→ **Lösungsvorschlag**
Wer dieser Verführung aus dem Weg gehen möchte, sollte mit dem Seitwärtsgrad experimentieren. Für die Wendung durch die Ecke animiere die Hinterhand pauschal in eine leichte Seitwärtssteigerung. Als eine Art Einleitung der Eckenwendung holst du die Kruppe vermehrt vor, bevor du die Schulter durch die Ecke führst wird. Ich empfehle, die Eckensituation in kurzen Abständen zu wiederholen. Besonders geeignet ist dafür eine kleine Vierecklinie, bei der die langen Seiten beliebig verkürzt werden können, damit die Ecken schneller aufeinander folgen.

☞ SCHULTERHEREIN, KRUPPEHEREIN UND RENVERS

Blindtext	SCHULTERHEREIN	KRUPPEHEREIN	RENVERS
Stellung & Biegung	nach innen Richtung Bahnmitte	nach innen Richtung Bahnmitte	nach außen Richtung Wand
Hinterbein innen	in Bewegungsrichtung unter den Körper	in Bewegungsrichtung folgend	in Bewegungsrichtung folgend
Hinterbein außen	in Bewegungsrichtung folgend	in Bewegungsrichtung unter den Körper	in Bewegungsrichtung unter den Körper
Vorhand	wird nach innen geführt	bleibt auf der Linie	bleibt auf der Linie
Hinterhand	bleibt auf der Linie	wird nach innen geführt	wird hinaus geführt
Körpersprache	macht Platz und sichert das Folgen in der Vorwärtsbewegung	wirkt versammelnd	wirkt folgend
Gerte	leitet als schulterführende Hilfe die Schulter herein, wirkt biegend und vorwärts-seitwärts	hält als schulterführende Hilfe die Vorhand auf der Linie, wird angehoben, um die Hinterhand hereinzuführen	wirkt versammelnd und leitet die Hinterhand, wirkt bei Bedarf schulterführend außen oder innen

Eine kurze Gegenüberstellung wichtiger Eckdaten für ein besseres Verständnis der gymnastizierenden Freiarbeit

TRAVERSALE

Die Traversale ist ebenfalls ein fester Bestandteil einer guten gymnastizierenden Freiarbeit. Regelmäßiges Traversieren verbessert nicht nur die Schulter- und Hinterhandbeweglichkeit, Längsbiegung sowie das Gleichgewicht, sondern kann auch die Ruhe, Achtsamkeit und Konzentrationsfähigkeit signifikant steigern.
Eine Traversale könnte recht komplex und kompliziert erklärt werden. Ich sehe davon ab, denn eine Traversale kann auch einfach nur als Kruppeherein angesehen werden, welches nicht entlang der Bande, sondern quer durch die Bahn ausgeführt wird. Wer ein gutes Kruppeherein ausbildet, kann auch immer traversieren. Dazu gehört sicherlich ein kontinuierliches Training und gezieltes Üben für einen sichtbaren Erfolg und eine deutliche Verbesserung.

012
Zum Film:
Die Traversale

Wie bei allen anderen Seitengängen auch, wird die Traversale ihr volles Potenzial entfalten, wenn die Hinterbeine in Richtung Schwerpunkt fußen und ein starkes Kreuzen vermieden wird. Bei der Freiarbeit wird ein falsch ausbalanciertes Seitwärtsgehen häufig mit Verbindungsverlust quittiert. Fühlt sich das Pferd nicht wohl bei der gewählten Lektion, entscheidet es sich im Zweifelsfall für ein Entfernen und Weglaufen.

BEISPIELE FÜR ÜBUNGSREIHEN:

1. Das „Aus der Ecke kehrt" bietet eine gute Möglichkeit für kurze traversierende Momente. Besonders zu Beginn der Ausbildung ist diese Bahnfigur passend. Die Ecke gibt Zeit für ein sicheres Biegen und Vorbereiten. Sobald es auf die Diagonale in Richtung Hufschlag geht, kann die Kruppehereinhilfe vermittelt werden. Sei mit wenigen Schritten zu-

Regelmäßiges Traversieren verbessert die Körperkontrolle.

Wenn du das Traversieren regelmäßig übst, …

… erleichterst du es deinem Pferd, nahtlos …

frieden und freu dich mit viel Lob über die erste Traversale. Je näher dein Pferd zum Hufschlag kommt, desto schwieriger wird es. Meistens möchte sich das unerfahrene Pferd bereits vor Erreichen des Hufschlages eigenständig geraderichten und verliert die traversale Bewegung. Um das zu verhindern, forderst du zu Beginn nur wenige Schritte, Tritte oder Sprünge. Sobald alles funktioniert, kann die Traversale am Ende durch ein Renvers ergänzt werden. Damit verhinderst du ein vorzeitiges Einstellen der Übung.

2. Eine ganze Diagonale, wie es bei der Bahnfigur „Durch die ganze Bahn wechseln" der Fall ist, bietet dem Freiarbeiter eine traditionelle Traversallinie. Als Übungsreihe führst du direkt nach der Ecke ein Schulterherein aus. Es reichen wenige Schritte bis maximal zwei Pferdelängen als Vorbereitung für die Traversale aus. Das Schulterherein leitet die Vorhand bereits in eine geeignete Ausrichtung, sodass die Hinterhand nur noch in die Vorwärts-Seitwärts-Bewegung in Richtung Diagonale gearbeitet werden

… zwischen Seitengängen wie Schulterherein, …

… Travers und Renvers zu wechseln.

muss. Wenn du deine Traversale in dieser Form einleitest, animierst du die Vorhand immer zur vorausführenden Körperzone und kannst die Balance des Pferdes unterstützen.

3. Bei der Freiarbeit sollte immer auf die Wendigkeit im Folgen und Führen geachtet werden. Das Kruppeherein auf der Zirkellinie bietet dafür alle Möglichkeiten. Deshalb lohnt es sich, eine Traversale ausgehend von einer zuvor gearbeiteten Zirkellinie zu entwickeln. Eine Runde im Kruppeherein auf dem Zirkel bringt Aufschluss über die Verbindung zu deinem Pferd. Sobald es wieder in Richtung offene Seite des Zirkels geht, wird die Traversale entlang der diagonalen Linie durch die Bahn ausgeführt. Bei dieser Übung wird gleichzeitig die Fähigkeit, im Travers zu wenden, überprüft und verbessert.

In der Welt der gymnastizierenden Freiarbeit setzt die Fantasie kaum Grenzen, sondern öffnet Türen zu vielen Möglichkeiten. Überleg dir ein paar Übungsreihen für dich und dein Pferd. Bedenke, es sollte zum einen zu eurem aktuellen Ausbildungsstand passen, zum anderen aber auch etwas herausfordernd sein.

PIROUETTEN

013
Zum Film: Galopp-pirouetten

Gerne möchte ich die Pirouetten aus einer anderen Perspektive betrachten und sie für die gymnastizierende Freiarbeit als Prüfstein einer guten Ausbildung erklären. Ich möchte sie nicht als einzelne Lektion beschreiben, sondern eher als eine logische Konsequenz der vorangegangenen Ausbildungsabschnitte. Somit entwickelt sich das Pirouettieren aus den Seitengängen heraus und kann hervorragend in die Freiarbeit integriert werden.

So ziemliche alle Wendungen um die Hinterhand werden durch das Ausführen einer

Beim Pirouettieren auf einem kleinen Kreis hilft ein Orientierungspunkt (Pilar).

Kruppeherein-Bewegung auf der Zirkellinie vorbereitet und trainiert. Je kleiner der Zirkel wird, desto näher kommen wir der eigentlichen Pirouette. So einfach kann Pirouettieren sein …

Wer bei der Freiarbeit alle Hilfen und die damit verbundene Beweglichkeit gründlich entwickelt hat, wird viel Freude bei Wendungen jeglicher Art haben. Die Pirouetten-Arbeit benötigt neben einer guten Kruppeherein-Qualität auch immer ein gewisses Maß an Versammlung. Aus einem anderen Winkel betrachtet, wird ein pirouettierendes Pferd sich automatisch immer stärker versammeln, je kleiner die Wendung wird. Beides ist möglich! Jedoch ist es immer abhängig vom naturgegebenen Talent eines jeden Pferdes, wie deutlich und intensiv die Versammlung automatisch entsteht. Viele Pferde benötigen eine solide Grundausbildung, gefolgt von der weiterführenden Gymnastik und Fähigkeit der Lastaufnahme, um einen höheren Versammlungsgrad für die Pirouetten-Arbeit in jeder Gangart leisten zu können.

Es gibt zwei wichtige Arten von Wendungen, die bei der Freiarbeit einen physiologisch sinnvollen Wert haben:

1. Um die Vorhand herum
2. Um die Hinterhand herum

Die Wendung um die Hinterhand herum habe ich bereits erklärt. Um die Geschicklichkeit bei der Freiarbeit zu verbessern (die von Freiarbeiter und Pferd), empfehle ich

zusätzlich, Wendungen um die Vorhand zu erarbeiten. Besonders in den sogenannten Schulgangarten (versammeltes Tempo) ist es sinnvoll, diese anspruchsvollen renversalen Wendungen in das Trainingskonzept der Freiarbeit zu etablieren.
Wendungen um die Vorhand werden aus dem Renvers entwickelt und können in Zusammenhang mit den Hinterhand-Wendungen das Geschick und die Wendigkeit deines Pferdes deutlich optimieren. Pirouetten sollten somit nicht nur als technische Übung angesehen werden, sondern als Ausdruck der Einheit und Kommunikation zwischen Freiarbeiter und Pferd. Das Ziel ist, dass die Ausführung mühelos und mit minimal sichtbaren Hilfen erfolgt, was das hohe Niveau der Ausbildung und des gegenseitigen Verständnisses unterstreicht.

HIGHLIGHT
Pirouetten sind für mich der wahre Test für die Qualität der Ausbildung und die Fähigkeit des Freiarbeiter-Paares, präzise und harmonisch zusammenzuarbeiten. Sie sind ein Highlight in der gymnastizierenden Freiarbeit.

01 Das Pirouettieren kann durch viertel oder halbe Wendungen geübt werden.

02 Die Hilfengebung muss sich klar und deutlich verändern, um die Wendung einzuleiten.

03 Die Gertenhilfe wechselt bei der Wendung häufig von der schulterführenden zur hinterhandführenden Einwirkung.

04 Traverswendungen und -pirouetten erfordern ein hohes Maß an Balance und Gefühl für die Zusammengehörigkeit von Vor- und Hinterhand.

05 Zwischen den Wendungen kann eine kurze Phase Traversale erfolgen oder Geradeausgehen im Kruppeherein.

01

02

03

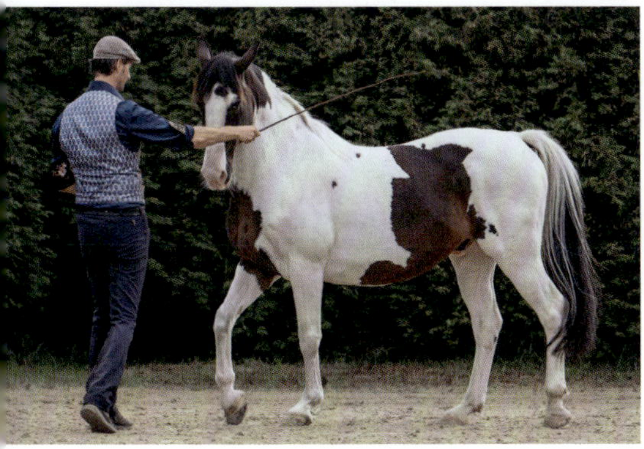

04

05

ÜBUNGSREIHEN UND IDEEN

Sobald das ABC der Freiarbeitshilfen verstanden wurde, kann es mit einer facettenreichen Freiarbeit so richtig losgehen. Eine solide Grundausbildung eröffnet uns zahlreiche Möglichkeiten, unsere Kommunikation und Interaktion zu verbessern und zu erweitern.
Im Folgenden möchte ich dir und deinem Pferd ein paar geeignete Übungsreihen an die Hand geben mit zwei unterschiedlichen Schwierigkeitsstufen. Sie bringen Freude und steigern gleichzeitig den Fortschritt enorm. Du entscheidest dabei über die gewünschte Gangart, Führ- oder Folgeposition und den Versammlungsgrad.

TRAININGSTIPP

Erinnere dich daran: Jeder Seitengang ist in jeglicher Position möglich, ob frontal vor deinem Pferd oder lieber seitlich daneben oder doch besser hinter deinem Pferd. Es gilt immer die Devise: „Unterstütze dort, wo es am meisten Sinn und Spaß macht."

SCHWIERIGKEITSSTUFE „LEICHT"

Übung 1

— Starte an der langen Seite mit einer Volte in der ersten Ecke.
— Nach der Volte arbeite geradeaus im Schulterherein weiter.
— Beginne das Schulterherein in dem Moment, wo eine erneute Volte begonnen

Motivation und Freude an der Bewegung schaffen ein positives Freiarbeitsklima.

Motivation als Schlüssel zum Erfolg

werden könnte. Das ist der Moment, in dem sich die Volte öffnet.

- An der Mitte der langen Seite erfolgt das Geraderichten und eine zweite Volte. Nach der Volte arbeite geradeaus im Kruppeherein weiter.
  Beginne das Kruppeherein in dem Moment, wo du die Volte beendest. Wenn sich der Kreis schließt in Richtung Hufschlag, solltest du starten.
- Am Ende der langen Seite erfolgt das Geraderichten und die gesamte Übungsreihe wird mit einer dritten Volte beendet.

→ **Der Effekt**
Diese Übungsreihe fördert das spontane Abrufen von unterschiedlichen Lektionen. Die Volten wirken sich positiv auf die Stellung und Biegung aus, bei Tempo- oder Taktverlust innerhalb der Seitengänge kann eine Volte helfen, das Grundtempo wiederherzustellen.

Übung 2

- Wende auf die Mittellinie von der kurzen Seite ab und beginne direkt mit einem Schulterherein.
- Vor dem Punkt X richte dein Pferd gerade und laufe zwei Pferdelängen geradeaus.
- Jetzt folgt ein Kruppeherein bis kurz vor der Hufschlaglinie.
- Zwei Pferdelängen vor Erreichen der Hufschlaglinie wieder geraderichten.
- Dann folgt ein Handwechsel und die gesamte Übungsreihe beginnt auf der anderen Hand.
- Entspannt euch während der langen Seite, bis die Übungsreihe an der kurzen Seite wieder beginnt.

Übung 3

- Starte an der langen Seite ein Schulterherein.
- Sobald die Mitte der langen Seite erreicht ist, leite eine Traversale in Richtung Mittellinie ein.
- Sobald du die Mittellinie erreicht hast, lasse dein Pferd in eine halbe Volte folgen.
- Lasse dein Pferd im Kruppeherein folgen. Daraus entsteht eine Travers-Wendung.
- Dadurch kommst du wieder zurück auf die Mittellinie und kannst von dort aus

eine Traversale zu der langen Seite ausführen, an der du begonnen hast.
— Am Hufschlag angekommen kannst du einen Handwechsel machen und dein Pferd geradegerichtet in die neue Biegungsrichtung arbeiten.

SCHWIERIGKEITSSTUFE „MITTEL"

Übung 1

— Starte eine lange Seite im Schulterherein.
— Wechsle ab der Mitte der langen Seite in ein Renvers, laufe weiterhin entlang der Hufschlaglinie geradeaus.
— Bleibe konzentriert und halte die Renvers-Bewegung auch durch die Ecke aufrecht.
— Mitte der kurzen Seite wird im Renvers auf die Mittellinie abgewendet.
— Damit befindet du dich in einem Kruppeherein geradeaus entlang der Mittellinie.
— Bis zum Punkt X bleibst du in dieser Bewegung.
— Jetzt wird ein fließender Übergang in das Schulterherein ausgeführt, so wie die gesamte Übungsreihe angefangen hat.
— Am Ende der Mittellinie kannst du einen Handwechsel ausführen und, sofern du und dein Pferd noch fit und konzentriert seid, die gesamte Übungsreihe an der kommenden langen Seite ein zweites Mal beginnen.

Übung 2

— Starte auf einem Zirkel mit einer Runde in Stellung und Biegung.
— Nach der ersten Eingewöhnungsrunde leite die Übungsreihe mit einem Kruppeherein ein.
— Nach einer halben Runde im Kruppeherein kannst du fließend in ein Schulterherein wechseln. Mit „fließend" beziehe ich mich besonders auf das Gleichmaß an Tempo, Takt und Losgelassenheit.
— Nach einer halben Runde im Schulterherein wird die nächste Lektion fließend eingeleitet: Das Renvers ist auf der folgenden halben Zirkelrunde eure Herausforderung.
— Danach wird mit einer Renvers-Ausführung durch den Zirkel gewechselt und erst auf der Wechsellinie wird geradegerichtet.
— Starte dieselbe Übung auf der neuen Hand, um sie ein zweites Mal auszuführen.

Übung 3

— Für die nächste Übungsreihe benötigst du nur eine halbe Bahn, idealerweise mit den Maßen von ca. 20 × 20 Metern.
— Suche dir eine Startseite aus, an der du beginnst. Jede Lektion wird eine komplette Seite ausgeführt.
— Die erste Lektion ist Renvers.
— In der Ecke wird ein fließender Wechsel in das Kruppeherein ausgeführt.
— In der Ecke wird ein fließender Wechsel in das Schulterherein ausgeführt.
— In der Ecke wird ein fließender Wechsel zurück in die Renvers-Bewegung gemacht.
— In der kommenden Ecke führe dein Pferd in eine Renvers-Wendung und in Form einer Kehrtvolte in den Handwechsel.
— Angekommen auf der neuen Hand kannst du in derselben Hilfenstellung bleiben und machst an der nächsten langen Seite dadurch automatisch ein Kruppeherein.
— Somit hat deine Übungsreihe auf der neuen Hand begonnen.

Du entscheidest über die gewünschte Gangart, Führ- oder Folgeposition und den Versammlungsgrad.

Gemeinsam auf Augenhöhe für ein starkes Gemeinschaftsgefühl

SPIEL, SPASS UND SPONTANITÄT

01

In diesem Buch liegt der Fokus auf der gymnastizierenden Freiarbeit, auf Übungen und Lektionen, die in der Reitkunst eine wichtige Rolle spielen. Trotzdem möchte ich, wenn auch nur kurz, darauf aufmerksam machen, dass erweiterte Bodenarbeitsübungen, wie beispielsweise Zirkuslektion oder Training im Gelassenheitsparcours, eine Bereicherung im Verlauf der gymnastizierenden Freiarbeits-Ausbildung sein können. Ich persönlich nutze eine große Palette an abwechslungsreichen Zusatzübungen, um die Zeit mit meinen Pferden so vielfältig zu gestalten, wie es nur geht. Besonders gerne arbeite ich an Herausforderungen, die dazu beitragen, dass meine Pferde geistig engagiert und motiviert bleiben. Das Lösen von Aufgaben, die im Rahmen von Zusatzübungen gestellt werden, fördert die kognitive Entwicklung und kann außerdem dazu beitragen, Langeweile und stressbedingtes Verhalten zu reduzieren.

Ich genieße jeden Moment mit meinen Pferden und zeige es ihnen gerne.

02

01 *Mit der Freiarbeit gelingt es, schwierige Übungen spielerisch zu entwickeln. Die Kunst ist, sie im richtigen Moment zu erkennen.*

02 *Achte stets auf den Ausdruck deines Pferdes und eine positive Rückmeldung.*

Viele Prozesse und Entwicklungen bei der gymnastizierenden Freiarbeit benötigen Zeit und Geduld und müssen nicht jeden Tag aufs Neue in der gleichen Intensität geübt werden. Deshalb bieten sich viele weitere Beschäftigungsmöglichkeiten an, die einen Ausgleich und häufig auch eine leichtere Aufgabe darstellen. Manche stärken die gemeinsame Zusammenarbeit, andere verbessern die Mobilität und Flexibilität. Übungen wie beispielsweise das Hinlegen bieten einfach mal eine Pause mit einem tiefen gegenseitigen Vertrauen. Doch es gibt auch Übungen wie manche Zirkuslektionen oder Wippentraining, die das Gleichgewicht und spezifische Muskelgruppen ansprechen. Darüber hinaus ist alles, was zur mentalen Stimulation und verbesserten Kommunikation dient, eine Bereicherung, sofern es nicht gegen die Natur oder mit Zwang gegenüber dem Pferd eingefordert wird.

Viele Fertigkeiten können entwickelt werden. Beachte dabei stets eine stressfreie Ausbildung und gib deinem Pferd eine positive Rückmeldung.

ZUM SCHLUSS

»Gymnastizierende Freiarbeit ist für jeden da, weil sie sich anpassen kann – an den Ausbildungsstand, an die naturgemäße Veranlagung und die individuelle Freude an der Bewegung.«

Freiarbeit sowie die Gesamtheit aller Variationen, am Boden mit dem Pferd zu arbeiten, kann uns als pferdebegeisterte Menschen so viele schöne Momente erleben lassen. Diese sinnvoll genutzte Zeit schenkt uns aber noch viel mehr, als „nur" den Moment zu erleben. Sie bietet uns eine ganze Menge an Potenzial für Zukünftiges. Eine gute Bodenarbeit wird sich immer auszahlen im späteren Prozess des Anreitens eines jungen Pferdes und auf dem Weg zum Reitkunst-Pferd.

Meistens geht man bei der Ausbildung nach einem Lehrbuch vom jungen, unerfahrenen Pferd aus, welches seinen Weg noch vor sich hat. Doch im wirklichen Leben werden die meisten Freizeitreiter ein Pferd mit Vorerfahrung oder zumindest versehen mit dem kleinen ABC des Reitpferdes erwerben. Das ist auch gut so, denn schließlich ist die Ausbildung einer Remonte kein Glücksspiel, sondern verlangt schon eine gewisse Erfahrung. Man darf nicht vergessen, dass es auch unter Pferden sehr unterschiedliche Typen und Charaktere gibt. Dazu bringen sie vollkommen unterschiedliche körperliche Voraussetzungen und individuelle Bedürfnisse mit, nicht selten auch prägende Vorerfahrungen. Bezogen auf Ausbildung und Vermittlung von Inhalten ergibt sich daraus durchaus das ein oder andere Problem.

Jeder Pferdeliebhaber sollte daher seine Wünsche und Ziele sowie das Bestreben nach einem gewissen Erfolg auf die Möglichkeiten seines Pferdes ausrichten, dabei seine Ziele und Ansprüche von der Wertschätzung anderer klar trennen und sich vollkommen auf die Veranlagungen seines Pferdepartners konzentrieren. Das beinhaltet auch immer die Frage: „Wie erkläre ich es am einfachsten?".

Mein Pferd Fleur de Lys hat die Levade zunächst in der Freiarbeit gelernt!

Meine Erfahrungen haben mich gelehrt: Ein Pferd kann so ziemlich alles lernen, was es biomechanisch umsetzen kann. Und das wiederum in einem Tempo, welches die meisten Reiter/Bodenarbeiter häufig unterschätzen. Wie auch beim Menschen gibt es mehr oder weniger talentierte Kandidaten für den jeweiligen Job. Doch am Ende liegt es immer in der Hand des Ausbilders, ob sein Schüler ihm fasziniert und begeistert zuhört oder ob die Geräusche und Aktionen des Klassenkameraden interessanter sind. Jeder Pferdebesitzer steuert, was und wie er es seinem Schüler Pferd erklärt. Sei es, um den Umgangston und die Regeln des Zusammenseins festzulegen oder in den Lektionen. Alles kann zwanglos und stressfrei vermittelt werden. Das ist keine Zauberei, sondern ein stetig weiter voranschreitender Prozess. Unterstützend kann man auf einen mehr als umfangreichen Erfahrungsschatz von Pferdemenschen zurückgreifen, der heute für jeden zugänglich ist.
Dabei bildet die Bodenarbeit in all ihren Facetten eine tolle Möglichkeit, sich mit allen zu vermittelnden Inhalten noch besser zu verständigen. Auch das Reiten kann und wird sich durch die Aktivitäten am Boden verbessern. Reiten hat vielleicht auf den ersten Blick nichts mit der Bodenarbeit gemeinsam. Doch beim näheren Hinschauen wirst du feststellen, dass jedes Pferd, das sich mit seinem Menschen am Boden wohl und sicher fühlt, auch beim Reiten keinerlei Stress empfindet. Konnten viele körperliche Entwicklungen am Boden bereits ohne Reitergewicht unterstützt und begleitet werden, wird es mit Reitergewicht um vieles leichter sein, die natürliche Balance zu halten.

Viel Spaß dabei!
Marius Schneider

SERVICE

NÜTZLICHE ADRESSEN

Marius Schneider
Gestüt Moorhof
Sandweg 1
46419 Isselburg

REGISTER

A
Abgrenzung 54 f.
Abrufen 82
Abwärtsstrecken 96 f.
Abwechslung 64 f.
Aktivierung der Hinterhand 114
Angehen 55 f., 67 f.
Angst 33
Anhalten 56 f., 70, 72 f.
Anhalten, synchrones 72 f.
Anlehnung 87, 108
Anti-Lektion 134
Anziehung 54
Aramis 8
Arbeitstempo 72 f.
Atmung 87
Aufmerksamkeit 115
Aus der Ecke kehrt 144
Ausbildungsabschnitte 46 ff.
Ausbildungsziele 19 ff., 22, 46 ff.
Ausdauer 22
Ausfallschritt 46, 101
Ausrüstung 37, 42 f.
Äußere Schulter 102
Äußere Seitwärtshilfe 102, 104
Äußerer Schenkel 104
Ausweichen 125, 131, 134

B
Balance 80 ff., 109, 115
Basisführposition 50
Begabung 19 ff.
Beginn der Freiarbeit 37 ff.
Belohnung 19, 32 f.
Beweglichkeit 36 f.
Bewegung, gesunde 15, 36 ff.
Bewegungseffizienz 17
Beziehung 15, 33
Biegung 95, 122, 128
Biegung begrenzen 94
Biegung verlieren 132
Bindung 12

D
Dehnungsbereitschaft 113
Diagonale Hilfen 107 f.
Dysbalance 115

E
Einknicken 132
Einladen 77
Equipment 37, 42 f.
Erziehung 14

F
Fähigkeiten 20
Feedback, positives 32 f.
Fitnessaufbau 14 ff., 36 f., 86
Fleur de Lys 10
Folgearbeit 48 ff.
Folgen 66 ff.
Formarbeit 86 ff.
Freiarbeit beginnen 37 ff.
Freiarbeit, imaginäre 28, 39
Freiarbeitshilfen 88 ff.
Freies Longieren 80 ff.
Frontalposition 66 f.
Frustration 30, 38, 112
Führarbeit 48 ff.
Führen neben dem Pferd 50 ff.
Führposition vor dem Pferd 66 ff.
Führung der Hinterhand 102 ff.
Führung der Schultern 98 ff.

G
Geduld 13
Geraderichtung 115
Gerte 43, 90 ff.
Gewicht 114
Gewichtshilfen 195 ff.
Gleichgewicht 80 ff.
Gleichzeitige Hilfen 107 f.
Grenzen 13, 54 f.
Grundgehorsam 14
Grundtempo 72
Grundübungen 51 ff.
Gymnastizierung 14 ff.

H
Halfter 43
Handwechsel 74 ff.
Hilfen 88 ff.
Hilfen, biegende 92 ff.
Hilfen, diagonale 107 f.
Hilfen, gleichzeitige 107 f.
Hilfen, lösende 96
Hilfen, primäre 51
Hilfen, versammelnde 105 f.

Hilfen, vorwärtstreibende 98
Hilfenarbeit 86 ff.
Hilfensystem 86 ff.
Hilfsmittel 42
Hindernisse überwinden 26 f.
Hinterhand aktivieren 114
Hinterhand führen 102 ff.
Hinterherlaufen 66 f.
Horsemanship 15

I
Imaginäre Freiarbeit 28, 39
Individualität 18
Innere Schulter 99
Innere Seitwärtshilfe 102
Innerer Schenkel 102
Inspirationen 41

K
Kappzaumhand 94
Kommunikation, nonverbale 12
Kommunikation, sichere 64
Konter-Kruppeherein 136 ff.
Koordination 36 f., 119
Körpergefühl 16
Körperschwerpunkt verlagern 106
Körpersprache 12, 17, 51
Kruppe bewegen 125
Kruppeherein 116, 126 ff., 143 f.

L
Langeweile 64 f.
Lastaufnahme 105, 146
Lektionen, höhere 115
Lektionenarbeit 110 ff.
Lernen 19 ff., 22, 88
Litri de Sena 9
Lob 19, 32 f.
Longieren 80 ff.
Lösen im Stehen 92 f.
Lösen, seitliches 97
Lösende Hilfe 96
Lucian 11

M
Mafferico 11
Magneteffekt 52 ff., 60
Memorieren 89
Missverständnisse 38, 69
Motivation 30, 32 f., 112
Muskeln 36 f.,113 f.
Muskelungleichgewicht 17

N
Netzwerk 28
Neuroplastizität 30
Nonverbale Kommunikation 12

P
Pause 50
Pirouette 116, 185, 46 ff.
Planung 46
Positive Spannung 86
Positive Verstärkung 20, 33
Primäre Hilfe 51
Priorisierung 88

R
Reaktionsfähigkeit 115
Reihenfolge der Hilfen 108
Reitergewicht 16
Reitkunstausbildung 16
Renvers 116, 136 ff., 143
Respekt 54
Richtungswechsel 84
Rückwärtsrichten 56 f.

S
Schenkel, äußerer 104
Schenkel, innerer 102
Schiefe 115
Schnelltest 48 f.
Schritte verkürzen 64 f.
Schritte verlängern 64 f.
Schulter bewegen 125
Schulter öffnen 101
Schulter, äußere 102
Schulter, innere 99
Schulterführung 98 ff.
Schulterherein 116, 118 ff., 143
Schulterkontrolle 98 ff.
Sehnen 113 f.
Seitengänge 85, 113 ff.
Seitliche Bewegung der
Kruppe 125
Seitliches Lösen 97
Seitwärtshilfe, äußere 104
Seitwärtshilfe, innere 102
Selbstwahrnehmung 33
Sichere Kommunikation 64
Sicherheit 119
Spannung, positive 86
Spiel und Spaß 152
Stärken 20 f.
Stellung 94 f.
Stellung begrenzen 94, 97
Stopp 68 f., 70
Stressabbau 30
Struktur 88
Suchspiel 71
Synchrones Anhalten 72 f.

T
Talente 20 ff.
Temounterschiede 64 f.
Tempo erhöhen 64 f.
Tempo reduzieren 64 f., 72
Tempokontrolle 64 f., 72, 124, 141
Tempowechsel 64 f., 85
Titzian 11
Traversale 116, 144

U
Überbiegen 122, 141
Übergänge 64 f., 84
Übungen 110 ff.
Übungen, versammelte 85
Übungsreihen 148 ff.
Umfeld, sicheres 27 ff.
Unfallverhütung 31
Unlust 112
Unsicherheit 40, 42

V
Verlangsamen 64 f., 72
Verlust der Verbindung 62
Versammelnde Hilfe 105 f.
Versammlung 146
Verständnis 28, 119
Verstärkung, positive 20, 33
Vertrauen 33
Vorlieben 20
Vorteile der Freiarbeit 12 ff.
Vorwärtsgedanke 81
Vorwärtstreibende Hilfe 98

W
Wechsel der Führposition 74 ff.
Wechsel der Hand 74 ff.
Wenden 56 ff.
Wiederholungen 112
Wohlbefinden 14 ff., 17, 36 f., 111

Z
Zielsetzung 19 ff., 22, 46 ff.
Zirkel 80 ff.
Zulegen 64 f.

BILDNACHWEIS

Mit 205 Farbfotos von Céline Rieck. Weitere Fotos sind von Carina Dörfler (24, S. 39, 52 u., 53 u., 64, 65, 68, 69, 78, 79) und Carina Maiwald (3, S. 20, 21, 24/25).

IMPRESSUM

Umschlaggestaltung von GRAMISCI Editorialdesign/Isabelle Fischer, München, unter Verwendung von Farbfotos von Céline Rieck.

Mit 232 Farbfotos.

Alle Angaben in diesem Buch erfolgen nach bestem Wissen und Gewissen. Sorgfalt bei der Umsetzung ist indes dennoch geboten. Der Verlag und der Autor übernehmen keinerlei Haftung für Personen-, Sach- oder Vermögensschäden, die aus der Anwendung der vorgestellten Materialien, Methoden oder Informationen entstehen könnten.

Unser gesamtes Programm finden Sie unter **kosmos.de**.
Über Neuigkeiten informieren Sie regelmäßig unsere Newsletter, einfach anmelden unter **kosmos.de/newsletter**

Gedruckt auf chlorfrei gebleichtem Papier

Pfizerstraße 5 – 7, 70184 Stuttgart
kosmos.de/servicecenter

ISBN 978-3-440-17426-5
Redaktion: Birgit Bohnet
Gestaltungskonzept: Peter Schmidt Group GmbH, Hamburg
Gestaltung und Satz: Atelier Krohmer, Dettingen/Erms
Produktion: Claudia Frank
Druck und Bindung: Westermann Druck Zwickau GmbH, Zwickau
Printed in Germany/Imprimé en Allemagne

FSC www.fsc.org MIX Papier | Fördert gute Waldnutzung FSC® C110508

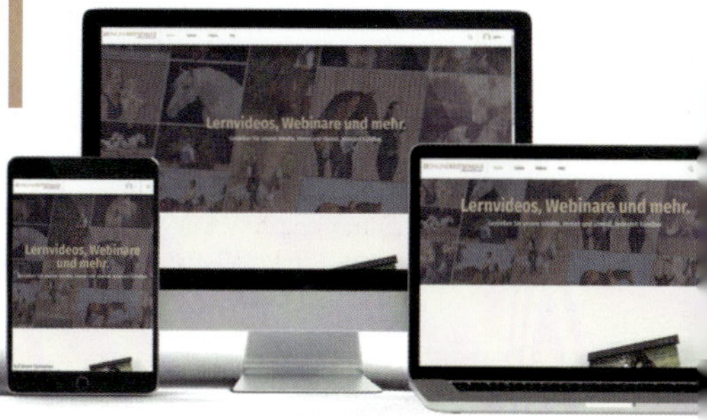
Lernvideos, Webinare und mehr.